AF403712

# ECOLE

## DU

# CAVALIER AU MANÉGE

# ECOLE

# DU CAVALIER

## *AU MANÉGE*

BASÉE SUR LES PRINCIPES DE L'ORDONNANCE DE CAVALERIE

A L'USAGE DES INSTRUCTEURS

### Par A. GUÉRIN

CAPITAINE-ÉCUYER A L'ÉCOLE DE CAVALERIE

## SAUMUR

IMPRIMERIE DE PAUL GODET, PLACE DU MARCHÉ-NOIR

1851

# A Monsieur DE GOYON,

*Général de brigade, Commandant supérieur
de l'Ecole de cavalerie.*

*Mon Général,*

Obéissant à un sentiment de profonde reconnaissance,
pour la bienveillante sollicitude dont vous avez bien voulu
m'honorer, et connaissant votre empressement toujours
nouveau à accueillir généreusement les efforts de vos su-
bordonnés dans l'accomplissement de la mission qui leur
est confiée, je viens remplir un devoir de cœur, vous prier
d'agréer, dans la dédicace de cet ouvrage, l'expression de
mon dévouement le plus inaltérable.

Puisse mon premier essai, auquel j'ai consacré mes
heures de repos, dans une intention d'utilité pour l'instruction de la cavalerie, remplir le but que je me suis
proposé, trouver auprès de vous, mon Général, la bien-
veillance que vous avez accordée à son auteur, et je m'estimerai heureux.

Daignez, mon Général, agréer la nouvelle assurance du
plus profond respect de

Votre tout dévoué et très-soumis subordonné,

GUÉRIN.

# AVANT-PROPOS.

<hr>

*Observateur attentif des nécessités équestres de la Cava-
lerie, j'ai cherché longtemps à quelle cause était due la
lenteur des progrès des hommes de recrue; j'ai scrupuleusement étudié les préceptes de chaque phase équestre qui s'est
présentée; j'ai compulsé tous les auteurs de l'enseignement,
et j'ai toujours rencontré trop ou trop peu.*

*De tous les ouvrages qui traitent de l'équitation, l'Or-
donnance de Cavalerie, il faut bien le reconnaître, est incontestablement le meilleur. La division en est bonne, la
progression rationnelle et les principes vrais; mais,
disons-le aussi, on y trouve des lacunes, cause irréfutable de
la lenteur des progrès; certains principes ne sont pas suffisamment développés et tombent par cela même dans le do-
maine de la libre interprétation des instructeurs : de là des
doctrines différentes, des camps établis, des passions et des
amours-propres mis en jeu, qui, toujours au détriment de
l'instruction, portent les uns à exiger trop et d'autres trop
peu.*

1

*C'est en présence d'une pareille situation , que j'ai choisi , ne croyant pas avoir à prendre un meilleur guide , l'Ordonnance de Cavalerie , pour diriger la marche de mon travail, dont le seul but est d'essayer de combler les lacunes fâcheuses de l'instruction, de développer les principes qui ne le sont pas , et de ramener , tant au manége qu'au travail militaire, à l'unité d'instruction.*

*S'attacher à donner aux hommes de la souplesse à cheval, pour arriver à les y placer de la manière la plus en rapport avec leur conformation ; leur faire connaître un à un les effets des aides ; leur enseigner à les combiner entre eux ; faire naître le goût du cheval ; stimuler l'amour-propre et donner de la hardiesse si nécessaire au cavalier militaire : telles sont les exigences auxquelles doit satisfaire toute instruction normale.*

*Je m'estimerai donc heureux, si mon travail, dicté par le désir de me rendre utile , peut répondre à la nécessité de faire promptement des cavaliers gracieux, adroits et vigoureux.*

# LEÇONS DE MANÉGE

## ECOLE

## DU CAVALIER

Les instructeurs doivent s'attacher, dès les premiers jours, à bien placer à cheval les hommes de recrue, et à leur donner les moyens de conduire leurs chevaux, par une application graduelle et constante des principes.

L'instructeur ne fait jamais exécuter un mouvement avant d'en avoir donné l'explication littérale, et il exécute le mouvement qu'il commande, afin de joindre l'exemple au principe; il accoutume l'homme de recrue à prendre de lui-même la position démontrée, ne le touche pour la rectifier que lorsque son défaut d'intelligence l'exige, et veille à ce que tous les mouvements soient exécutés avec calme et sans précipitation.

Pour rectifier, l'instructeur doit s'abstenir de généraliser; toutes ses observations doivent être précédées du nom de l'élève, qui commet la faute.

Chacun des mouvements doit être parfaitement compris avant de faire passer à un autre; lorsqu'ils ont été bien exécutés, en suivant la série indiquée dans chaque leçon, l'instructeur ne s'astreint plus à cet ordre; il doit, au contraire, l'intervertir, pour juger de l'intelligence des cavaliers.

On fait toujours commencer le travail au pas, afin de donner aux cavaliers la facilité de bien s'asseoir et de calmer leurs chevaux qui sont ordinairement plus ardents au sortir de l'écurie. Le travail se termine également au pas, pour rectifier les défauts de position des cavaliers, et pour éviter de rentrer les chevaux essoufflés.

La ligne droite étant celle sur laquelle les cavaliers éprouvent le moins de difficultés, il faut, dans le commencement, faire beaucoup marcher sur les pistes au pas et au trot pour assurer les positions; et, lorsque les cavaliers ont acquis un peu de solidité, on multiplie les mouvements et les changements de direction.

Les chevaux les plus sages sont choisis de préférence pour la première leçon.

Les commandements consacrés au manége seront conservés; ils doivent toujours être prononcés d'un ton ferme et bien accentué.

Tout mouvement doit être précédé du commandement préparatoire, indiquant ce qui va être commandé: c'est à à ce commandement que les cavaliers rassemblent leurs chevaux. EXEMPLE. *Préparez-vous à la volte.*

Le commandement d'exécution se compose du nom de la figure qui doit être décrite. EXEMPLE. *Volte.*

Lorsque l'instructeur veut faire reposer, il commande: *Repos;* à ce commandement, le cavalier n'est plus astreint à garder l'immobilité. Il faut faire de fréquents repos, surtout dans le commencement, et en profiter quelquefois pour questionner les cavaliers sur les instructions qu'ils ont reçues.

Lorsque l'instructeur veut faire commencer le travail, il commande: *A vos rênes;* à ce commandement, le cavalier prend la position, l'immobilité, et fixe son attention.

L'instructeur sera à pied pour la première partie de la première leçon, afin de pouvoir se porter auprès de chaque cavalier, suivant le besoin; mais il sera à cheval, aussitôt que les cavaliers commenceront à marcher, pour pouvoir les suivre sur le côté de la piste , et rectifier les défauts de position. Comme au travail militaire, le premier examen des élèves se compose de l'exécution. de la quatrième leçon qui est le complément des trois autres : de même au manége, cet examen sera résumé dans l'exécution de la troisième leçon.; la quatrième, travail de haute école, devant être exécutée en seconde année , comme complément de l'instruction.

---

# PREMIÈRE LEÇON

---

| 1re PARTIE. | 2e PARTIE. |
|---|---|
| Position du cavalier avant de monter à cheval. | Marcher à main droite. |
| Monter à cheval. | Marcher à main gauche. |
| Mettre pied à terre. | Tourner à droite, tourner à gauche en marchant. |
| Position du cavalier à cheval. | Arrêter et repartir. |
| Assouplissements de l'homme à cheval. | Passer du pas au trot et du trot au pas. |
| Allonger les rênes du bridon. | Changements de main. |
| Raccourcir les rênes du bridon. | Croiser les rênes alter- |

Croiser les rênes dans la main gauche.

Prendre les rênes dans les deux mains.

Croiser les rênes dans la main droite.

De l'usage des rênes.

De l'usage des jambes.

De l'effet des rênes et des jambes.

Marcher.

Arrêter.

Doubler à droite ou à gauche.

Demi-tour à droite ou à gauche.

Quart d'à-droite, quart d'à-gauche.

Reculer et cesser de reculer.

Voltige.

nativement dans les deux mains et les séparer en marchant.

Doubler à droite ou à gauche en marchant.

Demi-tour à droite ou demi-tour à gauche en marchant à la même hauteur.

Demi-tour à droite ou demi-tour à gauche en marchant en colonne.

Voltige.

## PREMIÈRE PARTIE

*L'instructeur peut réunir de 10 à 12 cavaliers; ils sont en veste de manége, pantalon demi-collant, bottes à l'écuyère sans éperons, chapeau et cravache.*

*Les chevaux, sellés et en bridon, sont tenus et rangés sur la ligne du milieu du manége, à 5 mètres l'un de l'autre, par des palefreniers intelligents.*

*Nota. Les palefreniers tiendront les chevaux au caveçon, jusqu'après les assouplissements de l'homme à cheval.*

*Pour les premières leçons on conserve l'étrier gauche seul, jusqu'à ce que les cavaliers sachent sauter à cheval.*

*Pour la leçon du montoir seulement, l'instructeur, ayant un cheval dans la tenue de la leçon qu'il donne, réunit les élèves autour de lui, donne l'explication des différents mouvements pour monter à cheval, et les exécute au fur et à mesure qu'il les détaille.*

*L'instructeur explique alors aux cavaliers ce qu'ils ont à faire aux commandements* Repos *et* A vos rênes.

## 1. Position du cavalier avant de monter à cheval.

*Pour tous les mouvements de pied ferme, l'instructeur se place à 6 mètres en avant du centre de sa reprise et lui faisant face.*

*Chaque élève se dirige vers le cheval que lui a désigné l'instructeur, pour se placer faisant face à la croupe, à gauche et à la hauteur de la ganache.*

Le cavalier a les talons sur la même ligne, il tient sa cravache dans la main droite, le gros bout sortant de 2 centimètres du côté du pouce.

## 2. Monter à cheval.

*Comme il est de la plus haute importance, dans le commencement surtout, de bien faire passer les élèves par tous les temps, l'instructeur devra se porter auprès de chacun d'eux, de la droite à la gauche pour faire exécuter le détail qu'il a dû donner et démontrer.*

Au commandement : *Préparez-vous à monter à cheval,*

Le cavalier fait deux pas en partant du pied droit, et un à-gauche sur la pointe du pied gauche, pour faire face à l'épaule du cheval ; le cavalier saisit les rênes du bridon

en dessous avec le pouce de la main droite, les doigts
fermés et en avant, le pouce détaché ; il étend le bras
vers la droite, de manière à sentir le milieu des rênes, qu'il
saisit avec la main gauche en avant du garrot, le petit
doigt entre les rênes, la main fermée, et il les abandonne
de la main droite.

Le cavalier prend avec la main droite une poignée de
crins et les passe ainsi que la cravache, la mèche en bas,
dans la main gauche, l'extrémité des crins sortant du
côté du petit doigt.

Relevant ensuite le quartier de la selle, pour s'assurer si
l'étrivière est sur son plat, le cavalier la saisit avec la
main droite qu'il descend jusqu'à l'œil de l'étrier, pour
chausser le pied gauche jusqu'au tiers ; il appuie le genou
contre le corps du cheval, et il place la main droite sur
le troussequin (1).

Au commandement : *Montez à cheval*,

S'élancer du pied droit, en tirant fortement les crins
à soi, appuyer en même temps la main sur le troussequin,
de manière à empêcher la selle de tourner, le corps
droit. Rester un instant dans cette position, porter la
main droite sur la batte droite, les doigts en arrière, le
pouce en avant, passer la jambe droite tendue par-dessus
la croupe du cheval sans le toucher, se mettre légèrement
en selle, en assurant le haut du corps en arrière ; prendre la cravache avec la main droite, les ongles en dessous,
l'élever en allongeant le bras de toute sa longueur vers
la droite, et prendre une rêne de bridon dans chaque
main, le pouce allongé sur chaque rêne ; les poignets à
hauteur du coude, soutenus et séparés à 16 centimètres

(1) Cette différence de se préparer à monter à cheval, d'avec les prescriptions de l'Ordonnance, est motivée sur la susceptibilité des chevaux
entiers, qui, quoique devant être sages pour les premières leçons,
pourraient frapper les élèves.

l'un de l'autre, les doigts se faisant face, l'extrémité supérieure des rênes sortant du côté du pouce, la pointe de la cravache inclinée en avant, au-dessus de l'oreille gauche du cheval.

*Si le cavalier conservait la cravache dans la main droite pour monter à cheval, il serait gêné pour prendre un point d'appui sur la batte droite avant de passer la jambe par-dessus la croupe, s'exposerait à se blesser et pourrait, en outre, effrayer le cheval.*

*Si le cavalier ne s'assurait pas que l'étrivière est sur son plat, il pourrait se blesser promptement aux cuisses pendant la marche.*

*Si le cavalier n'appuyait pas le genou au corps du cheval, après avoir chaussé l'étrier, il pourrait le toucher au ventre avec la pointe du pied, l'effrayer ou le porter à se défendre.*

Porter la main droite sur la batte droite avant de passer la jambe par-dessus la croupe, *pour que le cavalier conserve deux moyens de tenue, avec les mains, ce qui n'aurait pas lieu, si, conformément à l'Ordonnance de Cavalerie, il n'abandonnait le troussequin qu'au moment où la jambe passerait au-dessus de la croupe, et l'exposerait, soit à se blesser en arrivant trop brusquement en selle, soit à retomber à terre, si le cheval se dérangeait.*

### 3. Mettre pied à terre.

*Le temps consacré à chaque reprise de 12 cavaliers étant à peine suffisant pour le détail, la démonstration et l'exécution des deux mouvements* Monter à cheval *et* Mettre à pied à terre, *l'instructeur détaillera, en le démontrant, le mouvement* Pied à terre *aussitôt que les cavaliers seront à cheval.*

Au commandement : *Préparez - vous à mettre pied à terre,*

Passer la rêne droite du bridon dans la main gauche, l'extrémité des rênes sortant du côté du pouce ; élever le bras droit de toute sa longueur vers la droite, le poignet à hauteur de la tête, le renverser les ongles en dessous et placer la cravache dans la main gauche, la mèche en bas; avec la main droite, saisir une poignée de crins le plus près possible de la selle, pour que le cavalier reste carrément à cheval, les passer dans la main gauche, leur extrémité sortant du côté du petit doigt, et placer la main droite sur la batte droite, le pouce en avant, les quatre doigts derrière.

Au commandement : *Pied à terre,*

S'enlever sur l'étrier gauche, passer la jambe droite tendue par-dessus la croupe du cheval sans le toucher, et rapporter la cuisse droite près de la gauche, le corps bien soutenu, placer en même temps la main droite sur le troussequin, rester un instant dans cette position, la tête haute, descendre légèrement à terre, le corps droit et abandonner son cheval.

*Nota. L'instructeur devra prescrire aux élèves de s'éloigner de leurs chevaux en avant du rang, et jamais en arrière, pour éviter les ruades.*

*Après avoir fait exécuter individuellement les deux mouvements :* Monter à cheval *et* Mettre pied à terre, *l'instructeur les fera répéter par tous les cavaliers à la fois, veillant à ce qu'ils passent bien exactement par tous les temps.*

*A la fin de chaque séance, l'instructeur, pour faire mettre pied à terre, fera exécuter un doublé individuel, et arrêter, lorsque les cavaliers arriveront au milieu du manége; il prescrira alors aux palefreniers d'abattre l'étrier gauche et de se placer à la tête des chevaux.*

## 4. Position du cavalier à cheval.

*Ce détail devra être donné très-lentement et en marquant un temps d'arrêt entre le nom de la partie dont on parle et*

*l'explication de la pose qu'elle doit avoir, afin d'attirer l'at-
tention du cavalier sur elle.*

Chaque cavalier prendra la position à mesure qu'elle sera
détaillée.

*Les fesses* portant également sur la selle et le plus en
avant possible.

*Les cuisses* embrassant également le cheval, ne s'allongeant que par leur propre poids et par celui des jambes.

*Le pli des genoux* liant.

*Les jambes* libres et tombant naturellement.

*La pointe des pieds* tombant de même.

*Les reins* soutenus sans raideur.

*Le haut du corps* aisé, libre et droit.

*Les épaules* également effacées.

*Les bras* libres, les coudes tombant naturellement.

*La tête* droite, aisée et dégagée des épaules.

Une rêne de bridon dans chaque main, le pouce allongé
sur chaque rêne ; les poignets à hauteur du coude, soutenus et séparés à 16 centimètres l'un de l'autre, les
doigts se faisant face ; l'extrémité supérieure des rênes
sortant du côté du pouce, la pointe de la cravache inclinée en avant, au-dessus de l'oreille gauche du cheval.

Les fesses portant également sur la selle : *servant de
base à la position du cavalier, elles doivent être également
chargées de tout le poids du corps pour assurer son aplomb.*

Et le plus en avant possible : *afin que le cavalier, se rapprochant de la partie la moins large de la selle, ait plus de
facilité pour embrasser son cheval et rester constamment
lié à tous ses mouvements.*

Les cuisses embrassant également le cheval : *plus les
cuisses ont d'adhérence avec le cheval, et plus le cavalier
a de solidité. Si elles n'embrassaient pas également le cheval,
l'assiette du cavalier serait dérangée.*

Ne s'allongeant que par leur propre poids et par celui

des jambes : *si elles ne tombaient pas naturellement, elles ne pourraient s'allonger qu'avec effort, ce qui leur ferait contracter de la raideur.*

Le pli des genoux liant : *pour donner aux jambes la facilité de se porter plus ou moins en arrière, sans déranger la position des cuisses.*

Les jambes libres et tombant naturellement, la pointe des pieds tombant de même : *la raideur des jambes nuirait à la justesse de leur action.*

Les reins soutenus sans raideur : *les reins doivent être soutenus pour donner au cavalier de la grâce et de la solidité; leur raideur l'empêcherait de se lier à tous les mouvements du cheval.*

Le haut du corps aisé, libre et droit : *le corps ne peut conserver son aplomb que par la souplesse et l'aisance.*

Les épaules également effacées : *les épaules en avant feraient arrondir le dos et rentrer la poitrine; trop en arrière, elles feraient creuser les reins et géneraient l'action des bras.*

Les bras libres : *pour ne pas employer plus de force qu'il n'en faut, tout mouvement géné ne pouvant produire qu'un effet sans justesse.*

Les coudes tombant naturellement : *pour qu'ils contribuent à charger la base et qu'ils ne communiquent de raideur ni au corps ni aux avant-bras.*

La tête droite : *si la tête n'était pas droite, elle entraînerait le corps du côté où elle pencherait.*

Aisée et dégagée des épaules : *afin de pouvoir la tourner avec aisance, et que ses mouvements soient indépendants de ceux du corps.*

Nota. *Après avoir détaillé la position, l'instructeur se portera auprès de chaque élève successivement pour placer chaque partie, ayant égard aux variétés de conformation, d'où naissent certaines difficultés que le temps et la souplesse peuvent seuls amoindrir ou vaincre complétement.*

## 5. Assouplissements de l'homme à cheval.

*La promptitude des progrès en équitation, reconnaissant pour première cause la souplesse des différentes parties mobiles et la fixité absolue des parties immobiles de l'homme à cheval, il est indispensable, avant de passer aux usages et aux effets des aides, de les préparer isolément, pour leur donner, dans l'emploi, leur juste valeur.*

On reconnaît dans la position de l'homme à cheval deux parties mobiles et une immobile. Les deux premières sont : tout le buste, de la tête à la pointe des fesses, et des genoux à la pointe des pieds.

La partie immobile est constituée par les cuisses, depuis l'articulation coxo-fémorale jusqu'aux genoux.

Quels que soient les mouvements exécutés par les parties mobiles, les cuisses doivent conserver l'adhérence la plus invariable avec le corps du cheval, condition *sine quâ non* de la solidité du cavalier.

*Pour l'obtention de ce résultat, il faut procéder à l'assouplissement partiel du cou, des bras, des reins, des cuisses et des jambes.*

*Ces différents assouplissements ont pour but, tout en assurant l'assiette, de rendre indépendantes les différentes parties indiquées, d'augmenter l'aisance de l'homme à cheval et de disposer le cavalier militaire à cette grande agilité qui, si elle lui est nécessaire pour manier ses armes à toutes les allures, est souvent cause de son salut ou de son succès dans dans le combat individuel.*

*Les cavaliers étant à cheval, et placés sur la même ligne à 5 mètres l'un de l'autre, l'instructeur leur prescrira de tourner la tête à droite et à gauche, de la baisser et de l'élever, soit directement, soit d'un côté à l'autre, d'abord avec une sorte de lenteur, puis progressivement avec le plus de célérité possible.*

*L'instructeur procédera ensuite à l'assouplissement des bras.*

*Les rênes étant tenues par la main gauche, l'instructeur prescrira aux cavaliers d'élever le bras droit de toute sa longueur aussi perpendiculairement que possible, à l'épaule, sans creuser le côté gauche ni baisser l'épaule de ce côté; d'étendre ensuite le bras en avant, de le fléchir à gauche, de l'étendre à droite, puis en arrière, et il fera compléter ces assouplissements par des rotations du bras entier sur l'épaule.*

*Après l'assouplissement du bras droit, on procédera à celui du bras gauche, en faisant tenir la rêne dans la main droite.*

*Ces premiers assouplissements bien exécutés, l'instructeur fera incliner le corps en avant, en arrière, puis d'un côté à l'autre pour assouplir les reins; mais toujours de manière à ne pas déranger les cuisses ni les fesses.*

*La célérité de ces différents mouvements devra être subordonnée à l'immobilité des cuisses et à la conservation régulière de l'assiette et de la position du corps.*

*Pour faire jouer l'articulation coxo-fémorale dont la souplesse importe tant à l'enveloppe du cavalier, l'instructeur prescrira d'ouvrir les cuisses et d'élever les genoux, sans renverser le corps, jusqu'à la hauteur des fesses, que cette action attirera en avant, pour laisser ensuite retomber les cuisses par leur propre poids.*

*Cet assouplissement a pour résultat d'élargir l'assiette du cavalier, de concourir à descendre les cuisses et à augmenter leurs points de contact avec le corps du cheval.*

*Enfin, l'instructeur terminera par l'assouplissement des genoux, dont le pli doit être liant, en faisant jouer la jambe d'avant en arrière, le plus possible, sans que la cuisse participe aux mouvements; veillant à ce que le cou-de-pied soit parfaitement libre.*

*Ces assouplissements, de la valeur desquels on ne peut*

*véritablement se rendre compte que lorsqu'on en a fait l'ex-périence, accélèrent considérablement les progrès des élèves, aussi l'instructeur les fera répéter, en marchant à toutes les allures, jusqu'à ce que les cavaliers y soient bien rompus.*

## 6. Allonger les rênes du bridon.

Au commandement : *Allongez la rêne gauche,*

Rapprocher les poignets l'un de l'autre, sans les renverser ; saisir la rêne gauche avec le pouce et le premier doigt de la main droite, à 5 centimètres du pouce gauche (*exécution*).

Au commandement : *Deux,*

Entr'ouvrir la main gauche et faire couler la rêne jusqu'à ce que les pouces se touchent ; refermer la main et replacer les poignets (*exécution*).

## 7. Raccourcir les rênes du bridon.

Au commandement : *Raccourcissez la rêne gauche,*

Rapprocher les poignets l'un de l'autre sans les renverser ; saisir la rêne gauche avec le pouce et le premier doigt de la main droite, de manière que les pouces se touchent (*exécution*).

Au commandement : *Deux,*

Entr'ouvrir la main gauche, élever la main droite et laisser couler la rêne jusqu'à ce que les pouces se trouvent à 5 centimètres l'un de l'autre ; refermer la main et replacer les poignets (*exécution*).

*L'instructeur fait ensuite allonger et raccourcir les rênes en un seul temps ; il veille à ce que les cavaliers ne se pressent pas dans leur exécution.*

*On allonge et l'on raccourcit la rêne droite, suivant les principes prescrits pour allonger ou raccourcir la rêne gauche, et par les moyens inverses.*

## 8. Croiser les rênes dans la main droite.

Au commandement : *Croisez vos rênes dans la main droite,*

Renverser le poignet gauche, les ongles en dessous, en l'amenant vis-à-vis du milieu du corps ; entr'ouvrir la main, y passer la partie de la rêne qui était dans la main droite ; refermer la main gauche, et placer la main droite à hauteur de la main gauche.

## 9. Prendre les rênes dans les deux mains.

Au commandement : *Séparez vos rênes,*

Entr'ouvrir la main gauche, saisir avec la main droite, les ongles en dessous, la partie de la rêne droite qui est dans la main gauche, et replacer les poignets à 16 centimètres l'un de l'autre.

*On croise les rênes dans la main droite et on les sépare comme il est prescrit pour les croiser dans la main gauche et pour les séparer, et par les moyens inverses.*

*Pour employer à ces mouvements le moins de temps possible et les rendre plus faciles à comprendre, l'instructeur les démontre en les exécutant lui-même.*

*Il commande ensuite :* Repos, *et se porte en face de chaque cavalier successivement, lui commande :* A vos rênes, *et lui fait exécuter ce qui vient d'être détaillé et démontré. Lorsque le cavalier a exécuté le mouvement correctement, l'instructeur lui commande :* Repos.

*Quand tous les cavaliers ont bien compris, individuellement, l'instructeur se replace au centre de la reprise et lui faisant face, pour faire répéter le mouvement à tous à la fois.*

## 10. De l'usage des rênes.

Les rênes concourent à préparer le cheval aux mouvements qu'il doit exécuter, à le diriger, à l'arrêter et à le faire reculer. Leur action doit être progressive et d'accord avec celle des jambes.

Toutes les fois que le cavalier se sert des rênes, les bras doivent agir avec souplesse et leurs mouvements doivent s'étendre du poignet à l'épaule.

*Pour rendre ces principes généraux de l'usage des rênes plus explicites, et frapper l'intelligence des élèves, l'instructeur, procédant du simple au composé, expliquera les différents effets que peut produire chaque rêne isolée, puis les effets combinés des deux rênes ; ayant soin de démontrer, de faire exécuter individuellement, et ensuite par tous les cavaliers à la fois, le mouvement détaillé avant de passer outre.*

Chaque rêne produit isolément quatre effets bien distincts.

En élevant le poignet droit et le rapprochant du corps sans le renverser, le cavalier opère une traction directe sur la rêne droite qui provoque le pli de l'encolure à droite, sans entraîner le déplacement de l'avant-main.

Si le cavalier en tirant sur la rêne droite porte le poignet à droite *(ce qui s'appelle ouvrir la rêne)*, il détermine deux effets qui sont : 1° le pli de l'encolure à droite, et 2° le déplacement de l'avant-main dans cette direction.

Lorsque le cavalier appuie la rêne doite contre l'encolure, en portant le poignet droit à gauche, il détermine le déplacement de l'avant-main à gauche.

Si le cavalier tire sur la rêne droite, diagonalement de droite en arrière à gauche, il provoque le pli de l'encolure à droite et le déplacement des hanches à gauche ; la rêne se nomme alors rêne d'opposition, parce que, par son action, elle oppose les épaules aux hanches.

## 11. De l'effet simultané des rênes.

En élevant les poignets et les rapprochant du corps sans

les renverser, on élève la tête et l'encolure du cheval, et on dit alors que les mains sont en rapport avec sa bouche.

En augmentant l'effet des mains, on détermine le transport d'une partie du poids de l'avant sur l'arrière-main, et, en l'augmentant encore, on fait naître le mouvement rétrograde.

En ouvrant la rêne droite, on détermine le cheval à tourner à droite, et en appuyant la rêne gauche contre l'encolure, on concourt puissamment à l'obtention du mouvement, tout en modifiant l'effet de la rêne droite, qui, si elle agissait seule, ferait tomber les hanches à gauche.

## 12. Du rapport régulier qui doit exister entre les mains du cavalier et la bouche du cheval.

Le rapport indispensable qui doit exister entre les mains du cavalier et la bouche du cheval, connu par les anciens écuyers sous le nom de *bon appui,* s'entend, les rênes étant ajustées, de ce sentiment incessant et réciproque qui doit exister entre les mains du cavalier qui dirige, et la bouche du cheval qui en reçoit les indications : sentiment qui doit commencer et finir, au minimum du contact des canons sur les barres, de manière que le cavalier puisse indiquer ses volontés au cheval, sans retard et sans à-coup.

*Si les rênes étaient flottantes, le cheval serait incertain, et les indications de la main lentes et toujours précédées d'un à-coup.*

*Si le cavalier tirait trop sur les rênes, le cheval perdrait bientôt la sensibilité de la bouche qu'il est si indipensable de ménager, et il deviendrait alors lourd et difficile à manier.*

## 13. De l'usage des jambes.

Les jambes du cavalier peuvent agir isolément ou ensemble.

Les rênes étant ajustées et les jambes tenues également près, si le cavalier ferme la jambe droite derrière les sangles, les hanches du cheval se déplaceront à gauche.

Le mouvement inverse aura lieu si le cavalier ferme la jambe gauche.

En fermant également et progressivement les jambes, on détermine le cheval à se porter en avant.

Lorsque le cavalier se sert des jambes, il doit éviter d'ouvrir ou de remonter les genoux dont le pli doit être liant; l'effet des jambes doit toujours être proportionné à l'obéissance du cheval.

Le cavalier relâche les jambes par degrés, comme il a dû les fermer.

## 14. De l'effet des rênes et des jambes.

*Principe général.*

Pour tous les mouvements, les actions des jambes doivent précéder celles des mains.

En effet, que sont les jambes ?

Les jambes sont les agents provocateurs du mouvement, dont la main du cavalier s'empare au profit des différentes directions.

Quel que soit le mouvement qu'on veuille exécuter, il faut : 1° ébranler la masse, et 2° la diriger : donc les jambes doivent agir avant la main.

La vérité de ce principe se fait sentir dans tous les changements de direction, et plus particulièrement sur des cercles restreints et aux allures vives.

En effet, supposons que la masse soit ébranlée de ma-

nière à produire une allure représentée par 5 : comme les
effets de la main, tant minimes soient-ils, sont toujours
rétroactifs, il devient évident que si, pour tourner à droite,
le cavalier est obligé d'employer avec la main une force
rétroactive égale à 2, la progression représentée par 5
sera réduite à 3. Donc il y aura ralentissement : donc,
pour tourner à la même vitesse, le cavalier doit augmenter l'action des jambes d'une quantité égale à celle dont
la main devra s'emparer au profit de la direction. En
outre du principe qui vient d'être démontré, il en est un
autre dont il est de la plus haute importante de se rendre compte : *c'est que les jambes doivent varier de pression
en tournant.*

Une fois admis que, pour tourner à droite, l'action qui
doit être annihilée par l'effet de la rêne droite est communiquée, il suffira de démontrer dans quel sens réagit cette
rêne pour en déduire laquelle des jambes doit augmenter
sa pression et celle qui devra diminuer la sienne.

La rêne droite, par sa traction sur la bouche du cheval,
forme de l'encolure un arc de cercle dont l'extrémité antérieure est à la nuque et l'autre aux épaules. Or, la ligne
de traction tend à rapprocher la première extrémité de
la seconde, et devient alors un mode de pulsion à gauche
pour cette dernière. Le reflux des forces a donc lieu diagonalement de droite à gauche, ce qui jetterait inévitablement en dehors la hanche gauche, si le cavalier n'an-
nihilait pas cet effet, en augmentant relativement la pression
de la jambe gauche.

Mais comme, avant de tourner, le cavalier a dû communiquer au cheval un surcroît d'action égale à l'effet rétroactif de la main pour ne pas ralentir, il s'en suivrait que
l'augmentation de pression de la jambe gauche, qui vient
d'être prescrite, ferait accélérer l'allure, si la jambe droite
ne diminuait la sienne d'une quantité égale.

On voit donc que l'action nécessaire pour annihiler

l'effet rétroactif de la main, étant communiquée, les jambes doivent varier de pression aussitôt que la rêne du côté
vers lequel on tourne est ouverte.

C'est surtout aux allures vives, que le cavalier est dans
l'obligation de se soumettre à ces prescriptions, afin d'o-
bliger les hanches à passer par les mêmes points que les
épaules.

On peut donc établir en principe que, dans tout mou·
vement circulaire, la pression de la jambe du dehors doit
être plus marquée que celle de la jambe du dedans.

Les différentes actions des rênes et des jambes doivent
être d'accord et progressives.

On dit qu'il y a accord entre les mains et les jambes,
toutes les fois que leurs actions, augmentant d'intensité
simultanément, s'opposent une force égale qui, se détrui-
sant au centre de gravité, grandit le cheval, le rassemble
en le raccourcissant pour ainsi dire dans les aides, et le dis-
pose au mouvement que l'on veut lui faire exécuter, sans
provoquer son déplacement.

Le même accord existe, lorsque, en marche, quelle que
soit l'allure, les actions de la main ne contrarient pas celles
des jambes, ce qui se traduirait par le ralentissement de
l'allure ; ou que les effets des jambes ne priment pas ceux
de la main, ce qui s'annoncerait par l'accélération.

On dit qu'il y a progression dans les actions des aides,
toutes les fois que le cavalier les gradue du moins au
plus.

Agir autrement, c'est s'exposer à des à-coup toujours
préjudiciables au calme et à la conservation du cheval (1).

En baissant un peu les poignets, on donne à son cheval

(1) J'ai dû donner ces explications à l'article de l'usage des rênes et
des jambes ; mais l'instructeur ne devra en donner connaissance aux
élèves, que lorsqu'ils seront à même d'appliquer les principes et de s'en
rendre compte.

la liberté de se porter en avant, et en fermant les jambes,
on l'y détermine.

En ouvrant la rêne droite et en appuyant la rêne gauche contre l'encolure, on dirige son cheval à droite. En
fermant la jambe droite et en soutenant les hanches avec la
jambe gauche, on entretient l'allure et on oblige les hanches à passer par les mêmes points que les épaules.

En ouvrant la rêne gauche et en appuyant la rêne droite
contre l'encolure, on dirige son cheval à gauche. En
fermant la jambe gauche et en soutenant les hanches avec
la jambe droite, on entretient l'allure et on oblige les
hanches à passer par les mêmes points que les épaules.

En faisant primer l'effet des mains sur celui des jambes,
on ralentit l'allure, en l'augmentant on arrête le cheval,
et en le continuant on le fait reculer.

## 15. Marcher.

Au commandement : *Préparez-vous à marcher,*

Elever un peu les poignets et tenir les jambes près pour
*rassembler son cheval.*

Au commandement : *Marchez,*

Baisser un peu les poignets, ce qui s'appelle *rendre la
main,* et fermer les jambes plus ou moins, suivant la
sensibilité du cheval. Le cheval ayant obéi, replacer les
mains et les jambes par degrés.

*Afin de prévenir les résultats possibles de l'inexpérience
des cavaliers de recrue, et de leur timidité qui souvent ab-
sorbe leur esprit, l'instructeur leur expliquera immédiatement les moyens à employer pour arrêter leurs chevaux.*

*Si le cavalier ne rassemblait pas son cheval au comman-
dement préparatoire, l'exécution du deuxième commandement serait trop brusque ou trop lente.*

*Si le cavalier, au commandement d'exécution, ne com-
mençait pas par baisser les poignets, le cheval n'aurait
pas la liberté nécessaire pour se porter en avant.*

*Si le cavalier ne fermait pas également les jambes, le cheval ne partirait pas droit, et s'il ne les fermait pas progressivement, le cheval n'obéirait que par à-coup.*

## 16. Arrêter.

Au commandement : *Préparez-vous à arrêter,*
Rassember son cheval, sans ralentir son allure.
Au commandement : *Arrêtez,*
S'asseoir en se grandissant du haut du corps, élever en même temps les poignets par degrés, et tenir les jambes près pour empêcher le cheval de reculer. Le cheval ayant obéi, replacer les poignets et les jambes par degrés.

Lorsque le cheval n'obéit pas, lui faire sentir successivement l'effet de chaque rêne, suivant sa sensibilité, ce qui s'appelle *scier du bridon.*

*Si le cavalier serrait les cuisses ou les jambes, le cheval ferait des difficultés pour arrêter.*

*Si le cavalier ne se servait pas des deux rênes également, et ne tenait pas les jambes également près, le cheval arrêterait de travers.*

*Si le cavalier se servait des rênes avec trop de force et sans gradation, le cheval arrêterait par à-coup, reculerait et se mettrait sur les jarrets.*

## 17. Doubler à droite, doubler à gauche.

Au commandement : *Préparez-vous à doubler à droite,*
Rassembler son cheval.
Au commandement : *Doublez,* augmenter la pression des jambes, pour déterminer le cheval en avant, afin de ne pas le tourner trop court. Ouvrir en même temps la rêne droite et appuyer la rêne gauche contre l'encolure, pour diriger le cheval sur un quart de cercle de trois mètres, la jambe droite conservant sa place, et la jambe gauche se glissant un peu en arrière, pour obliger les hanches

à passer par les mêmes points que les épaules. Le mouvement étant près de finir, diminuer insensiblement l'ouverture de la rêne droite et la pression de la rêne gauche, replacer la jambe gauche, assurer le haut du corps en arrière et élever les poignets par degrés, en les rapprochant du corps sans les renverser, pour arrêter et pour maintenir son cheval droit dans la nouvelle direction. Replacer alors les poignets et les jambes par degrés.

*Si le cavalier ne déterminait pas son cheval en avant pour lui faire décrire l'arc de cercle prescrit, le mouvement serait trop raccourci.*

*Si le cavalier, vers la fin du mouvement, ne diminuait pas les effets des rênes et des jambes qui déterminent à droite, le cheval ferait plus d'un à-droite.*

## 18. Demi-tour à droite, demi-tour à gauche.

Au commandement : *Préparez-vous au demi-tour à droite,*
Rassembler son cheval.

Au commandement : *Demi-tour à droite,*
Le cavalier se conforme à ce qui est prescrit pour doubler, avec cette différence que le cheval doit parcourir un demi-cercle de six mètres et faire face en arrière.

*Afin de mieux faire comprendre aux cavaliers les mouvements détaillés aux n°ˢ 17 et 18, l'instructeur se place à l'épaule du cheval, et figure chaque mouvement à pied, en décrivant l'arc de cercle prescrit ; il le fait ensuite exécuter individuellement et enfin par tous les cavaliers à la fois.*

## 19. Quart d'à-droite, quart d'à-gauche.

Au commandement : *Préparez-vous au quart d'à-droite,*
Rassembler son cheval.

Au commandement : *Quart d'à-droite,*
Mêmes principes que pour exécuter un à-droite, en observant de cesser les actions déterminantes assez à temps

pour ne pas faire plus d'un quart d'à-droite (75 *centimè-tres*).

*Les mouvements détaillés n^os 17, 18 et 19, après avoir été exécutés à droite, sont exécutés à gauche, suivant les mêmes principes et par les moyens inverses.*

## 20. Reculer et cesser de reculer.

Au commandement : *Préparez-vous à reculer*,
Rassembler son cheval.

Au commandement : *Reculez*,

Assurer le corps, tenir les jambes près et élever les poignets par degrés. Dès que le cheval obéit, baisser et élever successivement les poignets, ce qui s'appelle *arrêter et rendre*. Si le cheval jette les hanches à droite, fermer la jambe droite ; s'il les jette à gauche, fermer la jambe gauche. Si ce moyen ne suffit pas pour remettre le cheval droit, augmenter la tension de la rêne du côté où le cheval jette ses hanches, en soutenant de la rêne opposée, ce qui s'appelle *opposer les épaules aux hanches*.

*Ayant beaucoup de rectification à faire pendant l'exécution de ce mouvement, et le cavalier ne devant reculer que quelques pas seulement, l'instructeur donnera immédiatement le détail pour cesser de reculer.*

*Si le cavalier ne tenait pas les jambes près, il s'exposerait, par l'action isolée des mains, à surcharger les hanches du cheval et à lui rendre ainsi le mouvement difficile et pénible.*

*Si le cavalier, au lieu d'arrêter et de rendre, prolongeait l'effet des mains, le cheval reculerait par à-coup, se traverserait où se mettrait sur les jarrets.*

*Nota. Arrêter et rendre, s'entend d'augmenter la tension des rênes progressivement, et de la diminuer de même ; mais sans que jamais il y ait cessation de rapport entre les poignets et la bouche du cheval, car s'il en était ainsi,*

*il devient évident qu'après avoir cessé d'agir le cheval re-
cevrait un à-coup, au moment où le cavalier recommence-
rait la tension des rênes.*

## 21. Arrêter.

Au commandement : *Préparez-vous à arrêter,*
Assurer le haut du corps.
Au commandement : *Arrêtez,*
Baisser le poignet et tenir la jambe près. Le cheval ayant
obéi, replacer les poignets et les jambes par degrés.

*Si le cavalier n'assurait pas le corps, il pencherait en
arrière au moment de l'arrêt.*

*L'instructeur fait exécuter ce mouvement homme par
homme, et ensuite par tous les cavaliers à la fois.*

---

Pour éviter toute interruption, la 1$^{re}$ leçon de voltige se trouve à la
fin de cette leçon.

## DEUXIÈME PARTIE

*L'instructeur sera désormais à cheval pour donner la
leçon, afin de démontrer les mouvements après les avoir
détaillés, et de pouvoir suivre les cavaliers sur le côté de la
piste, pour leur faire les observations nécessaires.*

*Le travail s'exécute alternativement à main droite et à
main gauche.*

## 22. Marcher à main droite, marcher à main gauche.

*Les cavaliers étant à cheval et placés sur la même ligne
à 5 mètres l'un de l'autre.*

Au commandement : *Préparez-vous à vous porter en avant, pour doubler individuellement à droite en arrivant au mur,*

Les cavaliers rassemblent leurs chevaux.

Au commandement : *Portez-vous en avant ,*

Les cavaliers se portent ensemble droit devant eux ; en arrivant à 5 mètres de la piste, chacun d'eux exécute un doublé à droite, comme il est prescrit au n° 17; le mouvement terminé, les cavaliers, en baissant les poignets et tenant les jambes près, marchent droit devant eux et suivent celui qui est en tête et qui devient conducteur. Les cavaliers doivent conserver entre eux la distance de 1 mètre 1/3, pour éviter les accidents.

Les cavaliers marchent à main droite , lors qu'ils ont le côté droit en dedans du manége. Ils marchent à main gauche, quand c'est le côté gauche.

*L'instructeur veille à ce que l'assiette des cavaliers ne soit pas dérangée, et leur recommande de se lier avec souplesse à tous les mouvements du cheval.*

*Passant d'un cavalier à l'autre, il s'occupe successivement de tous les détails de la position de chacun, de manière à les instruire sans les troubler.*

## 23. Tourner à droite , tourner à gauche en marchant.

Les cavaliers suivent le conducteur et font, en arrivant aux angles du manége, un doublé en marchant, ayant soin d'avancher la hanche et l'épaule du dehors, sans se pencher en dedans, afin de se lier au mouvement du cheval.

## 24. Arrêter et repartir.

*Les cavaliers marchant sur l'un des grands côtés, l'instructeur fait arrêter et repartir.*

Au commandement : *Préparez-vous à arrêter,*

Tous les cavaliers rassemblent leurs chevaux.

Au commandement : *Arrêtez,*

Tous les cavaliers arrêtent, comme il est prescrit à la première partie de la leçon.

## 25. Marcher.

Au commandement : *Préparez-vous à marcher,*

Tous les cavaliers rassemblent leurs chevaux.

Au commandement : *Marchez,*

Tous les cavaliers se portent ensemble en avant, comme il est prescrit à la première partie de la leçon.

*Les changements d'allure et les arrêts concourant puissamment à former les cavaliers, l'instructeur doit fréquemment faire arrêter et repartir ; il veille à ce que le corps ne penche pas en avant au moment de l'arrêt, et à ce qu'il ne reste pas en arrière en se mettant en marche ; lorsque les cavaliers sont arrêtés, il rectifie leur position.*

## 26. Passer du pas au trot, et du trot au pas.

*Les cavaliers commençant à s'habituer au mouvement du cheval, l'instructeur les fait passer au trot, lorsqu'ils sont tous sur l'un des grands côtés.*

*Il est essentiel de se conformer rigoureusement à cette prescription ; car, en outre de ce qu'il est plus difficile pour les cavaliers de recrue de passer du pas au trot en tournant, les chevaux se livrent quelquefois à des élans de gaîté qui peuvent occasionner des accidents.*

Au commandement : *Préparez-vous à marcher au trot,*

Tous les cavaliers rassemblent leurs chevaux, sans ralentir leur allure.

Au commandement : *Marchez au trot,*

Baisser un peu les poignets, et fermer les jambes plus ou moins, suivant l'obéissance du cheval. Dès que le cheval obéit, replacer les poignets les jambes par degrés.

*L'instructeur n'emploie d'abord cette allure qu'avec réserve*

*et à un trot modéré, pour éviter que les hommes perdent
leur position.*

*Il s'applique à leur faire comprendre que c'est en restant
bien assis et en relâchant, sans abandonner, toutes les parties du corps, notamment les cuisses et les jambes, que
l'on parvient à se lier à tous les mouvements du cheval par
l'aisance et la solidité que l'on acquiert. Il veille aussi à ce
que cette allure ne les porte pas à s'attacher aux rênes.*

*Lorsqu'il s'aperçoit que leur position est dérangée, il fait
reprendre le pas et même arrêter.*

*Il faut éviter les chutes avec le plus grand soin, surtout
dans les commencements; car, en outre de ce qu'elles font
perdre, aux cavaliers qui tombent, la confiance souvent
très-longue à revenir, elles influent sur le moral des autres
élèves.*

## 27. Passer du trot au pas.

Au commandement : *Préparez-vous à marcher au pas,*
Tous les cavaliers rassemblent leurs chevaux, sans ralentir leur allure.

Au commandement : *Marchez au pas,*
Assurer le haut du corps en arrière, élever les poignets
par degrés, et tenir les jambes près pour empêcher le cheval de s'arrêter. Dès que le cheval obéit, replacer les
poignets et les jambes par degrés.

## 28. Changement de main.

*Quand les cavaliers ont marché quelque temps à main
droite, l'instructeur les fera changer de main sans arrêter.*
Au commandement : *Préparez-vous à changer de main
successivement dans la largueur du manége,*
Le conducteur et successivement tous les cavaliers rassemblent leurs chevaux sans ralentir leur allure.

Au commandement : *Changez de main,*

Le conducteur exécute un doublé à droite, se porte droit devant lui, et traverse le manége dans sa largeur. Arrivé à 3 mètres de la piste opposée il exécute un doublé à gauche sans commandement; il est suivi des autres cavaliers qui doivent passer par les mêmes points que lui.

*Nota. L'une des plus grandes difficultés dans le travail de haute école étant d'obtenir que tous les cavaliers passent exactement par les mêmes points que le conducteur, il faut dès le principe tenir les cavaliers en garde contre la tendance naturelle qu'ont les chevaux à agrandir les arcs de cercle, ce qui leur rend les tournants plus faciles.*

*L'instructeur fait exécuter ce changement de main au pas et au trot.*

## 29. Croiser les rênes alternativement dans les deux mains et les séparer en marchant.

*L'instructeur fait croiser et séparer les rênes, par les commandements prescrits à la première partie de la leçon, n°ˢ 8 et 9.*

Le cavalier, soit pour croiser les rênes, soit pour les séparer, doit éviter d'agir brusquemment; il doit tenir les jambes près pour empêcher le ralentissement de l'allure.

Les rênes étant croisées, le cavalier, pour tourner à droite, porte la main en avant et à droite; pour tourner à gauche, il porte la main en avant et à gauche, les ongles toujours en dessous.

*Il faut fréquemment faire croiser les rênes dans les deux mains, pour habituer de bonne heure les cavaliers à conduire leurs chevaux avec une seule main, et leur recommander d'avancer l'épaule et la hanche du côté de la main devenue libre, pour combattre leur tendance naturelle à rester en arrière.*

## 30. Doubler à droite ou à gauche individuellement.

*L'instructeur fait son commandement préparatoire assez à temps pour commander :* Doublez *lorsque le conducteur est près d'arriver à l'extrémité de l'un des grands côtés.*

Au commandement : *Préparez-vous au doublé individuel,*

Tous les cavaliers rassemblent leurs chevaux sans ralentir leur allure.

Au commandement : *Doublez,*

Chaque cavalier exécute un doublé en marchant, se porte droit devant lui, traverse le manége dans sa largeur, et rentre sur la piste à la même main, par un nouveau doublé sans commandement.

*L'instructeur fait répéter le même mouvement, pour remettre les cavaliers dans l'ordre où ils étaient précédemment.*

## 31. Demi-tour à droite, ou demi-tour à gauche par cavalier en marchant à la même hauteur.

*Les cavaliers ayant exécuté un doublé individuel, comme il vient d'être prescrit, l'instructeur fait son commandement préparatoire assez à temps pour commander :* Demi-tour à droite (*ou à gauche*) *lorsque les cavaliers sont arrivés à 3 mètres de la piste opposée.*

Au commandement : *Préparez-vous au demi-tour à droite individuel,*

Chaque cavalier rassemble son cheval.

Au commandement : *Demi-tour à droite,*

Chaque cavalier exécute un demi-tour à droite en marchant, comme il est prescrit à la première partie de la leçon, et se porte ensuite droit devant lui. En arrivant à 3 mètres de la piste, il tourne à gauche sans commandement.

*L'instructeur fait répéter le même mouvement pour remet-*
*tre les cavaliers dans l'ordre où ils étaient précédemment.*

## 32. Demi-tour à droite, ou demi-tour à gauche, les cavaliers marchant en colonne.

*Les cavaliers marchant en colonne, l'instructeur fait son*
*commandement préparatoire assez à temps pour comman-*
*der :* Demi-tour à droite (*ou* à gauche) *lorsque le conducteur*
*est près d'arriver à l'extrémité de l'un des grands côtés.*

Au commandement : *Préparez-vous au demi-tour à droite,*

Tous les cavaliers rassemblent leurs chevaux.

Au commandement : *Demi-tour à droite,*

Chaque cavalier exécute un demi-tour à droite en marchant, et se porte ensuite droit devant lui, dans la direction
du dernier cavalier de la reprise, devenu conducteur, qui,
en arrivant à la piste du petit côté, tourne à gauche sans
commandement.

Nota. *Après le demi-tour, l'instructeur doit recommander*
*aux cavaliers de soutenir leurs chevaux avec la rêne gauche*
*et la jambe droite, pour combattre leur tendance à se jeter*
*à droite avant de tourner à gauche.*

*L'instructeur fait répéter le même mouvement pour remet-*
*tre les cavaliers dans l'ordre où ils étaient précédemment.*

33. *Les à-droite, les à-gauche, les demi-tours à droite et les*
*demi-tours à gauche en marchant, ont pour but, dans cette*
*leçon, d'habituer les cavaliers à faire tourner leurs chevaux*
*dans tous les sens, l'instructeur fait exécuter ces mouvements*
*au pas seulement ; il ne s'attache pas à l'ensemble, mais*
*surveille et rectifie avec le plus grand soin les moyens em-*
*ployés par chaque cavalier pour faire tourner son cheval.*

*Dans le travail à main droite, l'instructeur fait exécuter*
*des* Doublés à droite et demi-tours à droite ; *et dans le tra-*
*vail à main gauche, des* Doublés à gauche et demi-tours
à gauche. *Lorsque les cavaliers ont acquis l'habitude de*

*ces mouvements, l'instructeur fait exécuter indistinctement des demi-tours à droite et des demi-tours à gauche, et rentrer sur les pistes par des doublés à droite ou des doublés à gauche, sans avoir égard au changement de main.*

# ÉCOLE DE VOLTIGE

34. La voltige a pour but d'assouplir les cavaliers, de les fortifier et surtout de les mettre en confiance.

Bien que cette instruction doive être rigoureusement suivie par tous les cavaliers, l'instructeur aura la plus grande attention de n'exiger d'eux que ce que chacun peut donner, et d'exciter l'émulation, qui est le plus sûr moyen d'arriver promptement à de bons résultats.

*Cette instruction devra commencer aussitôt après les assouplissements de l'homme à cheval.*

## PREMIÈRE LEÇON

| 1<sup>re</sup> PARTIE | 2<sup>e</sup> PARTIE |
|---|---|
| *Voltige de pied ferme.* | *Voltige au galop.* |
| Sauter à cheval et à terre. | Sauter à cheval et à terre. |
| Etant à cheval, s'enlever sur les poignets. | Franchir le cheval au galop des deux côtés. |
| Sauter à cheval d'un seul temps. | |
| Sauter à terre et à cheval du même temps. | |
| Franchir le cheval de gauche à droite. | |
| Sauter à cheval d'une seule main. | |

*Voltige en prenant l'élan.*

Sauter à cheval par la croupe.

Sauter par la croupe pour arriver à terre à l'épaule du cheval.

Sauter à cheval par le côté.

Franchir le cheval de gauche à droite.

## PREMIÈRE PARTIE

### VOLTIGE DE PIED FERME.

Un quart d'heure est consacré, à la voltige, à la fin de chaque leçon.

Le cavalier, pour plus de commodité, quitte chapeau, cravache, gants et déboutonne les trois derniers boutons de sa veste.

Les premiers exercices doivent être très-courts, pour ne pas fatiguer les élèves.

Les chevaux sont nus, en bridon, caveçon avec longe à trotter. Pour le travail de pied ferme, les chevaux sont tenus par des cavaliers ou palefreniers placés devant la tête et tenant les montants de la bride, ayant les mains hautes pour les empêcher de baisser la tête.

Tous les mouvements, après avoir été détaillés et démontrés par le sous-instructeur, sont exécutés sans commandement et au simple avertissement de l'instructeur, pour faciliter le travail et éviter la roideur qui pourrait résulter du commandement militaire.

## 35. Sauter à cheval et à terre.

Se placer à l'épaule gauche du cheval, saisir les crins avec la main gauche, l'extrémité sortant du côté du petit doigt, les doigts fermés, la main droite sur le garrot, le pouce à gauche, les autres doigts à droite, le corps droit, les genoux et la pointe des pieds très-en dehors.

*Sauter à cheval.* Plier les jarrets, s'enlever en les tendant vivement et en repoussant le sol de la pointe des pieds, tirant les crins à soi, le corps soutenu sur le poignet droit; marquer un temps d'arrêt, le corps droit, la tête haute, les jambes pendantes ; détacher ensuite la jambe droite, le jarret tendu , la passer par-dessus la croupe du cheval sans la toucher, en avançant l'épaule droite; se placer doucement à cheval en lâchant ensuite la crinière et le garrot.

*Sauter à terre.* Saisir la crinière et le garrot, comme pour sauter à cheval; porter les jambes en avant en les ramenant vivement en arrière , s'enlever sur les poignets en s'appuyant davantage sur le droit; passer la jambe droite tendue par-dessus la croupe sans la toucher, en ramenant la cuisse droite près de la gauche; marquer un temps d'arrêt , arriver à terre sur la pointe des pieds en pliant un peu les jarrets.

*Observation.* L'instructeur habitue les cavaliers à sauter à cheval et à terre plusieurs fois de suite, en observant de les exercer également à gauche et à droite, ce qui s'exécute suivant les mêmes principes et par les moyens inverses. Il recommande de plier un peu les jarrets, les genoux ouverts , afin d'avoir plus d'élan pour s'enlever , sans exiger que les talons soient rapprochés l'un de l'autre ; il les fait rester quelque temps sur les poignets, afin de leur donner l'habitude de se soutenir ainsi. Ce premier mouvement est essentiel et sert de base à tous les autres.

36. Étant à cheval , s'enlever sur les poignets.

Prendre la crinière et le garrot, comme il est prescrit n° 35 ; donner à ses jambes un mouvement de balancement d'avant en arrière, saisir le mouvement où leur impulsion en arrière est bien déterminée pour s'enlever sur les poignets, les jambes tendues; dans cette position, faire passer la jambe droite par-dessus la croupe du cheval, en se soutenant sur le bras droit, et la repasser de suite pour se remettre à cheval en avançant l'épaule droite, et le corps reposant toujours sur le bras droit.

*Observation.* L'instructeur fait répéter ce mouvement plusieurs fois de suite à gauche et à droite, en indiquant les mêmes principes et les moyens inverses.

## 37. Sauter à cheval d'un seul temps.

Sauter à cheval comme au n° 35; mais, au moment où l'on s'enlève sur les poignets, écarter vivement la jambe droite pour la passer avec légèreté par-dessus la croupe en assurant la jambe gauche à l'épaule.

## 38. Sauter à terre et à cheval du même temps.

Prendre la position prescrite au n° 36; arriver à terre sur la pointe des pieds, les jarrets pliés, sans s'éloigner du cheval, et profiter de la battue des pieds sur le sol pour s'enlever vivement à cheval en écartant la jambe droite, comme il est prescrit ci-dessus; exécuter ce mouvement à gauche et à droite.

## 39. Franchir le cheval de gauche à droite.

Se placer comme pour sauter à cheval; s'enlever de même sur les poignets, mais en inclinant le corps horizontalement sur l'encolure, la tête soutenue; jeter les jambes réunies et allongées par-dessus la croupe, en leur faisant décrire un demi-cercle, le corps restant un moment soutenu sur les deux bras tendus; arriver à terre à l'épaule droite, les deux pieds sur la même ligne.

## 40. Sauter à cheval d'une seule main.
### ( Deux manières. )

*(Première manière.)* Saisir les crins de la main gauche , se placer en avant de l'épaule gauche du cheval , l'avant-bras gauche appuyé sur l'encolure, l'épaule gauche en avant, l'épaule droite effacée; s'élancer vivement en avançant l'épaule droite et en écartant la jambe droite , pour arriver à cheval sans quitter les crins.

*(Deuxième manière.)* Placer la main droite sur le garrot, plier les jarrets, s'élever avec force, le corps droit, la jambe gauche à l'épaule ; passer de suite la jambe droite par-dessus la croupe en avançant l'épaule droite.

*Observation.* L'instructeur ne fera exécuter la deuxième manière, en prenant l'appui sur le garot, qu'aux cavaliers qui ont assez de vigueur , sans l'exiger de ceux pour lesquels elle offrirait trop de difficultés.

### VOLTIGE EN PRENANT L'ÉLAN.

Les chevaux employés à cet exercice doivent être habitués à recevoir tous les chocs sur la croupe sans chercher à ruer. Pour plus de sécurité, ils sont légèrement campés, et les cavaliers ou palefreniers qui les tiennent ont la main haute et ferme.

L'instructeur peut réunir douze cavaliers au moins, qui se succèdent sur chaque cheval placé à cet effet.

## 41. Sauter à cheval par la croupe.

Se placer à trois ou quatre mètres de la croupe du cheval, et lorsqu'en courant on est à portée de s'élancer, former une battue des deux pieds ensemble sur le terrain pour sauter en hauteur en pliant les jarrets ; appliquer avec force les deux mains vers le milieu de la croupe pour servir de point d'appui au corps ; écarter les jambes et arriver à cheval, la ceinture en avant, le corps en équilibre.

*Pour sauter à terre.* Passer la jambe droite par-dessus l'encolure du cheval et sauter à gauche.

## 42. Sauter par la croupe pour arriver à terre à l'épaule du cheval.

Sauter, comme pour arriver à cheval, par la croupe ; mais, au moment d'arriver à cheval, élever fortement la jambe droite pour la réunir à la gauche en avançant beaucoup l'épaule droite ; passer la jambe droite à hauteur de l'épaule gauche par-dessus le dos du cheval, et arriver à terre à hauteur du pied gauche en pliant un peu les jarrets.

*Observation.* L'instructeur recommande au cavalier qui tient le cheval de lui maintenir la tête basse, pour que le cavalier qui saute ait plus de facilité à enlever la jambe droite.

## 43. Sauter par le côté.

Le cheval étant placé de côté, prendre son élan en courant, battre la terre des deux pieds et s'enlever, la main gauche sur le garrot, le pouce à gauche, les autres doigts à droite, la main droite à plat sur le rein ; passer vivement la jambe droite par-dessus la croupe en quittant le rein de la main droite et en avançant l'épaule droite, le poids du corps à gauche, et se placer à cheval, la ceinture en avant.

*Pour sauter à terre.* Passer la jambe gauche par-dessus l'encolure pour sauter à droite ou s'enlever sur les poignets et sauter à droite, comme au n° 55.

## 44. Franchir le cheval de gauche à droite.

Prendre son élan en courant, la main gauche sur le garrot, la droite sur le rein. Au moment de passer les deux jambes à droite, abandonner le rein de la main droite, en conservant son appui sur la gauche, et arriver à terre à hauteur de l'épaule droite. Répéter ces mouvements de droite à gauche par les moyens inverses

---

## DEUXIÈME PARTIE

### VOLTIGE AU GALOP

On emploie à cet exercice des chevaux d'un caractère doux et ayant un galop uni et régulier ; ils sont maintenus en cercle par la longe fixée au caveçon ; ils sont rénés, c'est-à-dire que les rênes du bridon doivent être fixées au surfaix, de manière à maintenir la tête du cheval au rassemblé.

Le surfaix dit *de voltige*, employé à cette leçon, doit être en cuir noir, de la largeur de quinze à seize centimètres, et avoir sur la sellette ou coussinet de garrot deux crampons ou poignées en fer, qui servent au cavalier pour sauter à cheval et à terre ; le milieu de la sellette doit présenter une liberté de garrot dont l'évidement soit assez prononcé pour que le cavalier puisse y placer les doigts pour s'enlever à cheval.

Un instructeur tient la longe et la chambrière pour régler la vîtesse du cheval en dirigeant les mouvements du cavalier. Le cheval galope toujours à main gauche, et, lorsqu'il est désuni, l'instructeur le fait passer au trot pour le mettre juste.

## 45 Sauter à cheval et à terre.

Le cavalier étant à terre saisit les crins de la main gauche et le pommeau du surfaix de la main droite, il a le pied gauche en avant à côté de celui du cheval, et le pied droit en arrière.

Le cheval est mis en mouvement successivement au pas, au trot, puis au galop; le cavalier le suit en mesure, pliant les jarrets chaque fois qu'il touche le sol; à l'allure du galop, le cavalier pose à terre, s'enlève en même temps que l'extrémité antérieure gauche, et s'appuie un peu plus sur la jambe droite que sur la gauche.

*Sauter à cheval.* Saisir le moment où le cheval s'enlève du devant afin de s'élancer en tendant fortement les jarrets et les cous-de-pieds, et se mettre à cheval comme il est prescrit au n° 38.

*Sauter à terre.* Mêmes moyens que pour s'enlever sur les poignets, n° 36; arriver ensuite à terre, les deux pieds en même temps, à hauteur du pied gauche et au moment où il pose à terre, en pliant les jarrets.

*Observation.* L'instructeur exerce le cavalier à ressauter à cheval aussitôt après avoir sauté à terre en saisissant bien la cadence du galop.

## 46. Franchir le cheval au galop des deux côtés.

Saisir les deux poignets du surfaix, exécuter le mouvement de sauter à terre; du même temps, franchir le cheval de gauche à droite, et revenir par un nouvel effort des bras et des jarrets, en franchissant le cheval à hauteur de l'épaule gauche, et ressauter à cheval.

*Observation.* L'instructeur fait fanchir le cheval aux cavaliers autant de fois que leur force et leur légèreté le leur permettent, en observant de les faire toujours revenir à cheval au dernier temps.

# DEUXIÈME LEÇON

| 1<sup>re</sup> PARTIE. | 2<sup>e</sup> PARTIE. |

1<sup>re</sup> PARTIE.

Sauter à cheval.
Sauter à terre.
De l'éperon.
Marcher à main droite ou à main gauche.
Passer du pas au trot et du trot au pas.
Doubler successivement dans la largeur du manége.
Doubler successivement dans la longueur du manége.
Se ranger pour mettre pied à terre.
Changement de main dans la largeur du manége.
Changement de main dans la longueur du manége.

2<sup>e</sup> PARTIE.

Longueur des étriers.
Position du pied dans l'étrier.
Doubler a droite ou à gauche par cavalier en marchant.
Demi tour à droite ou demi tour à gauche, les cavaliers marchant à la même hauteur.
Demi tour à droite ou demi tour à gauche les cavaliers marchant en colonne.
Passer successivement dè la tête à la queue de la colonne.
Etant de pied ferme partir au trot.
Marchant au trot arrêter.

Changement de main diagonal.

Changement de main oblique par cavalier.

Marche circulaire.

Changement de main en dehors du cercle.

Changement de main à l'intérieur du cercle.

Répétition de la 1<sup>re</sup> partie sur des chevaux de carrière.

Voltige.

Sauteurs.

Passer du trot au grand trot et du grand trot au trot.

Passer du trot au galop.

Appuyer à droite ou à gauche, la tête au mur.

Appuyer à droite ou à gauche étant en colonne.

Voltige.

Sauteurs.

47. On réunit le même nombre de cavaliers que pour la première leçon, leur tenue est la même ; ils ont les éperons. Les chevaux sont sellés sans étriers et en bridon.

## 48. Sauter à cheval.

*Les cavaliers ayant été exercés à sauter à cheval et à terre au travail de voltige, aidés par des poignées en fer, l'instructeur leur fait répéter le même exercice, sans le secours des poignées.*

Au commandement : *Préparez-vous à sauter à cheval,*

Saisir les rênes du bridon, les crins et la cravache, comme il est prescrit pour monter à cheval, et placer la

main droite sur le pommeau, le pouce en avant, les quatre doigts derrière.

Au commandement : *Sautez à cheval,*

S'élancer vivement en s'enlevant sur les poignets, rester un instant dans cette position et se mettre legèrement
en selle, en assurant le haut du corps en arrière.

## 49. Sauter à terre.

Au commandement : *Préparez-vous à sauter à terre,*

Passer la rêne droite, les crins et la cravache dans la
main gauche, comme pour mettre pied à terre, et placer
la main droite sur le pommeau, le pouce en avant, les
quatre doigts derrière.

Au commandement : *Sautez à terre,*

S'enlever sur les poignets, rapporter la cuisse droite
à côté de la gauche; rester un instant dans cette position, et arriver légèrement à terre, en fléchissant les
jarrets.

*L'instructeur fait exécuter ces mouvements d'abord indi-
viduellement, et ensuite par tous les cavaliers à la fois.*

50. *L'instructeur fait faire quelquefois repos en marchant,
pour calmer les chevaux après une allure un peu vive, et
pour assouplir les cavaliers qui sont sujets à se roidir. Dans
le repos en marchant, les cavaliers s'abandonnent un peu,
mais sans changer d'allure et sans perdre leur distance.
Le conducteur règle toujours la marche.*

*Tous les mouvements de cette leçon sont détaillés par la
droite ; ils s'exécutent par la gauche, suivant les mêmes
principes et par les moyens inverses.*

# PREMIÈRE PARTIE

## 51. De l'éperon.

Si le cheval n'obéit pas aux jambes, il faut employer l'éperon.

L'éperon est un châtiment, il ne faut s'en servir que rarement, mais toujours vigoureusement, et à l'instant même où le cheval commet la faute.

Pour faire usage des éperons, il faut assurer le corps, la ceinture et les poignets; se lier au cheval des cuisses, des jarrets et des gras de jambes; tourner la pointe des pieds un peu en dehors, baisser un peu les poignets, appuyer ferme les éperons, derrière les sangles, sans faire aucun mouvement de corps, les retirer puis les appliquer de nouveau jusqu'à ce que le cheval ait obéi; replacer alors les poignets et les jambes par degrés.

Lorsque les cavaliers doivent faire usage des éperons, ce qui s'appelle *pincer des deux*, ils doivent éviter de s'attacher aux rênes, ce qui contrarierait l'effet des éperons.

*Si, après avoir appuyé les éperons derrière les sangles, le cavalier les y laissait pour attendre l'obéissance du cheval, selon les prescriptions de l'Ordonnance de cavalerie, il s'exposerait, au contraire, à le faire ruer, s'acculer et même se renverser.*

*Après avoir donné aux cavaliers le détail de l'usage des éperons, l'instructeur leur en fait faire l'application à la fin de la séance, lorsque les chevaux sont calmés.*

*L'appui de l'éperon, qui dans cette circonstance n'a pour but que d'en apprendre l'emploi aux cavaliers, devra être*

*aussi léger que possible , pour ne pas tourmenter les che-*
*vaux inutilement.*

*Pour faire usage des éperons, il faut éviter d'ouvrir les*
*jambes, pour ensuite les rapprocher par à-coup et pincer des*
*deux. Les jambes doivent être pressées et l'éperon ne doit*
*arriver au corps du cheval , que par un mouvement rapide et*
*répété du cou-de-pied.*

*L'instructeur veille à ce que les cavaliers ne se servent*
*jamais des éperons mal à propos.*


## 52. Marcher à main droite ou à main gauche.


*Les cavaliers étant à cheval,*

Au commandement : *Préparez-vous à vous porter en avant*
*pour marcher à main droite,*

Tous les cavaliers rassemblent leurs chevaux.

Au commandement : *Marchez ,*

Les cavaliers, en baissant les poignets et fermant les
jambes, se portent droit devant eux ; en arrivant à 3
mètres de la piste, ils exécutent un doublé individuel
à droite, pour marcher en file et à main droite.

*L'instructeur prescrit aux cavaliers de prendre 1 mètre*
*1/3 de distance entre eux. Il veille à ce que la position des*
*cavaliers devienne de plus en plus régulière; à ce qu'ils*
*marchent à une allure franche et bien égale; à ce qu'ils*
*tiennent leurs chevaux droits, et regardent constamment de-*
*vant eux pour se maintenir dans la direction du conducteur;*
*à ce qu'ils observent leurs distances et reprennent, en arron-*
*dissant plus ou moins les coins , selon le besoin , celles qu'ils*
*auraient perdues.*


*53. Lorsque les cavaliers sont à leurs distances, et que*
*l'instructeur a rectifié les défauts de position, il leur expli-*
*que ce que l'on entend par un cheval droit.*

Un cheval est droit quand ses épaules et ses hanches sont sur la même ligne.

Si, en marchant à droite, le cheval porte ses épaules à droite, il faut ouvrir un peu la rêne gauche, appuyer la rêne droite près du garrot et tenir la jambe droite près.

Si le cheval jette ses hanches à droite, il faut assurer les poignets et fermer la jambe droite. Si ce moyen ne suffit pas pour remettre le cheval droit, le cavalier, en tirant diagonalement de droite en arrière à gauche sur la rêne droite, viendra en aide à la jambe droite et obligera le cheval à l'obéissance.

Si le cheval se jette en dedans du manége, il faut, pour le ramener sur la piste, ouvrir la rêne gauche, appuyer la rêne droite près du garrot et fermer la jambe du dedans.

*L'instructeur rappelle aux cavaliers les principes prescrits n° 23, pour tourner à droite et à gauche ; il leur recommande de rassembler leurs chevaux un peu avant d'arriver à chaque coin, et il leur donne à cet effet l'explication suivante :*

Il ne faut pas exiger que les chevaux entrent parfaitement dans les coins ; mais il ne faut pas non plus qu'ils les arrondissent trop.

Passer un coin à droite, c'est exécuter un doublé à droite en marchant ; les cavaliers doivent donc agir comme s'il n'y avait pas de murs, et, le mouvement de chacun d'eux devant être indépendant de celui du cavalier qui est devant lui, leurs mains et leurs jambes doivent seules déterminer leurs chevaux à tourner à droite ou à gauche.

## 54. Passer du pas au trot.

*L'instructeur fait toujours passer les cavaliers au trot, lorsqu'ils sont sur l'un des grands côtés.*

*Toutes les fois qu'on passe d'une allure lente à une allure*

plus vive, comme du pas au trot, il faut commencer lentement cette dernière allure, et la porter peu à peu au
degré prescrit.

Au commandement : *Préparez-vous à marcher au trot*,
Tous les cavaliers rassemblent leurs chevaux.

Au commandement : *Marchez au trot*,
Tous les cavaliers prennent le trot, comme il est prescrit
à la première leçon.

### 55. Passer du trot au pas.

*Les cavaliers marchant au trot, sur l'un des grands côtés,
l'instructeur les fait passer au pas.*

Toutes les fois que l'on passe d'une allure vive à une
allure plus lente, comme du trot au pas, il faut commencer cette dernière allure la plus allongée possible,
et la réduire peu à peu au degré indiqué.

Au commandement : *Préparez-vous à marcher au pas*,
Tous les cavaliers rassemblent leurs chevaux.

Au commandement : *Marchez au pas*,
Tous les cavaliers prennent le pas, comme il est prescrit à la première leçon.

*Les changements d'allure entraînant avec eux des os-
cillations différentes pour les cavaliers, et par conséquent
des dérangements plus ou moins sensibles dans leur position, l'instructeur fait passer fréquemment du pas au trot
et du trot au pas, afin d'accoutumer les cavaliers aux changements d'allure.*

### 56. Doubler successivement dans la largeur du manége.

Au commandement : *Préparez-vous à doubler successivement dans la largeur du manége*,
Le conducteur et successivement tous les cavaliers rassemblent leurs chevaux.

Au commandement : *Doublez* ,

Le conducteur tourne à doite , traverse le manége dans sa largeur , et, à 5 mètres du mur , il rentre sur la piste par un nouveau doublé à droite sans commandement.

## 57. Doubler successivement dans la longueur du manége.

*L'instructeur fait son commandement préparatoire assez à temps pour commander :* Doublez, *lorsque le conducteur, après avoir passé le premier coin , est arrivé à 5 mètres du milieu de l'un des petits côtés.*

Le doublé dans la longueur s'exécute suivant les mêmes principes que celui dans la largeur. Après le doublé , les cavaliers doivent marcher de manière que celui qui les précède , leur cache les cavaliers qui sont en avant.

Vers la fin du mouvement, ils doivent contenir leurs chevaux avec la rêne droite et la jambe gauche , pour les empêcher de se jeter en dehors.

## 58. Se ranger pour mettre pied à terre.

Au commandement : *Préparez-vous à vous ranger,*

Le conducteur et successivement tous les cavaliers rassemblent leurs chevaux.

Au commandement : *Rangez-vous ,*

Le conducteur tourne à droite , se porte droit devant lui et s'arrête en arrivant au milieu du manége.

Tous les autres cavaliers exécutent successivement le même mouvement , à 2 pas plus loin que le cavalier qui les précédait.

Chaque cavalier, devenant à son tour conducteur, rassemble son cheval et le contient sur la piste , en ouvrant un peu la rêne du dehors et fermant la jambe du dedans , pour l'empêcher de suivre le cheval qui a tourné à droite.

## 59. Changement de main dans la largeur du manége.

Le changement de main dans la largeur s'exécute suivant les mêmes principes que le doublé, aux commandements : *Préparez-vous à doubler dans la largeur du manége, pour changer de main ; Doublez ;* avec cette différence qu'après avoir doublé, le conducteur tourne à gauche sans commandement, lorsqu'il est arrivé à 3 mètres de la piste opposée.

## 60. Changement de main dans la longueur du manége.

Le changement de main dans la longueur du manége s'exécute suivant les mêmes principes que le doublé, aux commandements : *Préparez-vous à doubler dans la longueur du manége, pour changer de main ; Doublez ;* avec cette différence qu'après avoir doublé, le conducteur tourne à gauche sans commandement, lorsqu'il est arrivé à 3 mètres de la piste opposée.

## 61. Changement de main diagonal.

*L'instructeur fait son commandement préparatoire assez à temps pour commander :* Changez de main, *lorsque le conducteur, après avoir passé le deuxième coin, a marché 6 mètres droit devant lui.*

Au commandement : *Préparez-vous à changer de main diagonalement,*

Le conducteur et successivement tous les cavaliers rassemblent leurs chevaux.

Au commandement : *Changez de main ,*

Le conducteur fait un demi-à-droite, se porte droit devant lui, traverse le manége diagonalement, de manière à arriver au mur opposé à 6 mètres avant le coin. Il rentre alors sur la piste par un demi-à-gauche sans commandement.

*L'instructeur veille à ce que tous les cavaliers arrivent sur le point où le conducteur a pris la diagonale, à ce qu'ils traversent le manége parfaitement en file, et à ce qu'ils rentrent à la piste, sur le même point que le conducteur.*

## 62. Changement de main oblique par cavalier.

*L'instructeur fait commencer un changement de direction dans la longueur du manége, et aussitôt que les cavaliers, après avoir tourné vers le milieu de l'un des petits côtés, se trouvent tous dans la même direction, il fait arrêter.*

Au commandement : *Préparez-vous à arrêter,*

Tous les cavaliers rassemblent leurs chevaux.

Au commandement : *Arrêtez,*

Les cavaliers arrêtent tous à la fois, bien droit et à leurs distances.

*L'instructeur fait exécuter aux cavaliers un quart d'à-droite (ou d'à-gauche) (75 cent.) de pied ferme, comme il est prescrit à la première leçon.*

*Ce mouvement exécuté, l'instructeur s'assure de l'exactitude des directions et des intervalles.*

Au commandement : *Préparez-vous à marcher,*

Tous les cavaliers rassemblent leurs chevaux.

Au commandement : *Marchez,*

Les cavaliers marchent à une allure bien égale, chacun dans la direction qu'il a prise. En arrivant à la piste, redresser son cheval par un quart d'à-gauche en avançant; avoir la main légère et les jambes près pour suivre la piste.

*L'instructeur fait répéter ces mouvements sans arrêter : à cet effet, après avoir commencé le changement de direction dans la longueur, il fait son commandement préparatoire assez à temps pour commander :* Changez de main, *aussitôt que tous les cavaliers se trouvent en colonne sur la ligne du doublé dans la longueur.*

Au commandement : *Préparez-vous à changer de main in-dividuellement*,

Tous les cavaliers rassemblent leurs chevaux.

Au commandement : *Changez de main*,

Chaque cavalier exécute un quart d'à-droite (75 cent.) en marchant ; cette direction étant prise, avoir les jambes égale-ment près, et marcher droit devant soi à la même allure.

En arrivant à la piste, redresser son cheval par un quart d'à-gauche en avançant.

## 63. Marche circulaire.

*L'instructeur fait son commandement préparatoire assez à temps pour commander :* En cercle, *lorsque le conduc-teur est arrivé vers le milieu de l'un des grands côtés.*

Au commandement : *Préparez-vous au cercle*,

Le conducteur et successivement tous les cavaliers ras-semblent leurs chevaux.

Au commandement : *En cercle*,

Le conducteur décrit un cercle entre les deux pistes, suivant les principes prescrits pour exécuter un à-droite, ayant soin de régler ses actions de manière à arriver à la piste opposée, sur le point opposé de la circonférence ; il est suivi des autres cavaliers qui marchent exactement dans la même direction.

Tout cheval qui travaille en cercle doit être ployé dans la direction de la ligne qu'il parcourt. A cet effet, le ca-valier le détermine et le contient sur cette ligne avec la rêne du dedans, en le soutenant avec la jambe du même côté. Il doit en même temps modifier l'effet de la rêne du dedans par celle du dehors et contenir les hanches avec la jambe du dehors.

*Si le cavalier ne sentait pas un peu plus la rêne du dedans, le cheval quitterait la ligne circulaire, et, s'il ne le soute-nait pas de la rêne du dehors, le cheval rétrécirait son cercle.*

*Si le cavalier ne soutenait pas le cheval avec la jambe du dedans, les hanches ne passeraient pas par les mêmes points que les épaules, et s'il ne le contenait pas de la jambe du dehors, les hanches se jetteraient en dehors du cercle.*

## 64. Changement de main en dehors du cercle.

*Ce travail étant plus facile que le changement de main en dedans du cercle, l'instructeur devra le faire exécuter comme acheminement à ce dernier.*

*L'instructeur fait son commandement préparatoire assez à temps pour commander :* Changez de main, *lorsque le conducteur arrive au milieu du manége.*

Au commandement : *Préparez-vous à changer de main en dehors du cercle,*

Le conducteur et successivement tous les cavaliers rassemblent leurs chevaux.

Au commandement : *Changez de main,*

Le conducteur dirige son cheval en cercle à gauche jusqu'à la piste, suivant les principes prescrits pour se mettre en cercle à droite, et par les moyens inverses.

Tous les autres cavaliers exécutent successivement le même mouvement, en arrivant sur le même point que le conducteur.

*L'instructeur remet les cavaliers à main droite, par un nouveau changement de main, avant de faire marcher large.*

*Pour faire reprendre la ligne droite, l'instructeur fait le commandement :* Préparez-vous à marcher large, *assez à temps pour commander :* Marchez large, *à l'instant où le conducteur arrive à 5 mètres de la piste.*

Au commandement : *Préparez-vous à marcher large,*

Le conducteur et successivement tous les cavaliers rassemblent leur chevaux.

Au commandement : *Marchez large,*

Le conducteur continue de décrire son cercle jusqu'à

la piste, où il redresse son cheval par le soutien de la rêne gauche, l'appui moëlleux de la rêne droite contre l'encolure et par une pression égale des deux jambes. Le cheval étant redressé, replacer les poignets et les jambes par degrés et suivre la piste.

## 65. Changement de main dans l'intérieur du cercle.

*L'instructeur se conforme, pour l'à-propos de ses commandements, à ce qui est prescrit pour le changement de main extérieur.*

Au commandement : *Préparez-vous à changer de main en dedans du cercle,*

Le conducteur et successivement tous les cavaliers rassemblent leurs chevaux.

Au commandement : *Changez de main,*

Le conducteur tourne à droite, se porte droit devant lui et se dirige, en passant par le centre, vers le point opposé de la circonférence, et, lorsqu'il est à 2 pas de ce point, il rentre sur le cercle à la nouvelle main, sans commandement.

Tous les autres cavaliers suivent exactement la direction du conducteur.

*L'instructeur fait travailler en cercle et changer de main au trot, suivant les mêmes principes.*

*Dans la marche circulaire, surtout à une allure vive et sur un cercle étroit, il veille à ce que les cavaliers conservent exactement le même degré d'inclinaison que leurs chevaux, et se maintiennent dans la direction suivie, sans laisser en arrière l'épaule ni la hanche du dehors.*

## 66. Sauter à terre.

*L'instructeur fait sauter à terre, aux commandements :*
*Préparez-vous à sauter à terre,*

*Sautez à terre,*

*A terre ;*

*Ce qui s'exécute comme il est prescrit au n° 49.*

*L'instructeur exige que les cavaliers, après s'être enlevés sur les poignets, attendent le deuxième commandement : A terre, pour sauter à terre ; ce qui lui permet d'exiger, avant de les faire descendre, qu'ils aient tous le corps et la tête droits.*

## 67. Répétition de la 1re partie de la leçon sur des chevaux de carrière.

*Les cavaliers ayant terminé la première partie de cette leçon, et ayant acquis un peu d'aisance et de solidité, l'instructeur leur en fera répéter tous les mouvements sur les chevaux les plus sages de carrière, sellés, sans étriers et en bridon.*

*Ce travail a pour but de confirmer les cavaliers dans leur position et d'augmenter la fixité de leur assiette, que de dures réactions mettront souvent à l'épreuve.*

*Il y aura désormais, chaque jour de travail, une reprise composée de chevaux de carrière, qui, chaque semaine, seront montés par une nouvelle reprise d'élèves.*

## DEUXIÈME PARTIE.

## 68. Longueur des étriers.

*L'instructeur exige que les cavaliers ajustent eux-mêmes leurs étriers.*

Pour ajuster ses étriers, chaque élève se dirige vers le cheval qui lui a été désigné, se place face à la selle, saisit alternativement chaque étrier avec la main droite, l'élève de manière à placer l'étrivière horizontalement. Il met la main gauche à plat, les doigts allongés entre les deux cuirs, et la glisse jusqu'au porte-étrivière : si la grille de l'étrier touche l'aisselle, l'étrier est bien ajusté.

On reconnaît, à cheval, que les étriers sont au point convenable, si, le cavalier laissant tomber les jambes, la grille de l'étrier arrive à hauteur de la naissance du talon de la botte.

*Quoique rares, il est cependant des exceptions à cette règle; mais l'instructeur devra néanmoins obliger les cavaliers à ajuster leurs étriers comme il vient d'être prescrit, afin de leur apprendre à juger de quelle quantité ils devront plus ou moins s'éloigner de la règle générale.*

## 69. Position du pied dans l'étrier.

L'étrier ne doit porter que le poids de la jambe; le pied doit être chaussé jusqu'au tiers, le talon plus bas que la pointe du pied.

L'étrier ne doit porter que le poids de la jambe : *si le cavalier prenait un trop grand point d'appui sur les étriers, cela dérangerait son assiette, ainsi que la position des jambes, et nuirait à la justesse de leur action.*

Le pied doit être chaussé jusqu'au tiers : *si le cavalier ne chaussait pas les étriers assez avant, il risquerait de les perdre, surtout aux allures vives. S'il les chaussait trop, les jambes ne tomberaient plus naturellement.*

Le talon plus bas que la pointe du pied : *afin que le pied puisse conserver l'étrier sans effort, que le jeu de son articulation avec la jambe reste libre, et que l'éperon étant plus éloigné du corps du cheval, on ne risque pas de l'employer mal à propos.*

## 70. Doubler à droite ou à gauche par cavalier en marchant.

Au commandement : *Préparez-vous au doublé individuel*,
Tous les cavaliers rassemblent leurs chevaux.

Au commandement : *Doublez* ,

Chaque cavalier exécute un doublé à droite, se porte droit devant lui , traverse le manége dans sa largeur, se réglant à droite sur le dernier cavalier qui deviendra conducteur, tout en conservant son allure et sa direction , pour rentrer à la place qu'il doit reprendre dans la reprise sur la piste opposée.

*Tout en exigeant de plus en plus la régularité, l'instructeur s'attache beaucoup moins à l'ensemble de ces mouvements qu'à la manière dont chaque cavalier conduit son cheval.*

## 71. Demi-tour à droite ou demi-tour à gauche , les cavaliers marchant à la même hauteur.

*L'instructeur fait exécuter ces mouvements comme il est prescrit n° 51 , en exigeant toujours plus de régularité.*

## 72. Demi-tour à droite ou demi-tour à gauche, les cavaliers marchant en colonne.

*L'instructeur fait exécuter ces mouvements comme il est prescrit n° 32.*

Le dernier cavalier, qui , après ce mouvement, devient conducteur, doit avoir l'attention de faire son mouvement sans ralentir l'allure, afin de ne point retarder les autres.

## 73. Passer successivement de la tête à la queue de la colonne.

*Pour habituer les cavaliers à être maîtres de leurs chevaux, les obliger à se servir des rênes et des jambes , et pour accoutumer aussi les chevaux à se séparer les uns des autres, l'instructeur fait passer fréquemment les cavaliers de la tête à la queue de la colonne ; chacun d'eux, devenant à son tour conducteur, règle l'allure en conséquence.*

*Ce mouvement s'exécute successivement par chaque cava-*

*lier*, à l'indication de l'instructeur, qui devra le désigner no-minativement.

*L'instructeur doit faire ses indications de manière que le cavalier désigné puisse toujours quitter la piste et y ren-trer sur le même grand côté.*

Le cavalier désigné pour passer à la queue de la colonne rassemble son cheval et exécute son mouvement en avan-çant, de manière à ne pas retarder ceux qui sont derrière lui. Il tient la jambe du dehors près, pour ne pas décrire un arc de cercle de plus de 6 mètres ; il marche ensuite parallèlement à la reprise, et lorsqu'il est rentré sur la piste par un deuxième demi-tour, il serre à 1 mètre 1/3 de distance du dernier cavalier.

Le cavalier qui suit, et qui devient conducteur, doit rassembler son cheval et le contenir de la rène du dehors et de la jambe du dedans, pour l'empêcher de suivre celui qui sort de la reprise.

*L'instructeur fait aussi sortir les cavaliers de la reprise, sans commencer par celui de la tête. Dans ce cas, il prescrit aux cavaliers qui suivent celui désigné, de serrer à distance ; ou, s'il le juge nécessaire, pour habituer les cavaliers à maintenir leurs chevaux, il fait conserver vide la place du cavalier sorti.*

*Lorsque les cavaliers ont été ainsi déplacés, l'instructeur fait arrêter et rentrer chacun à sa place avant de passer à un autre mouvement.*

## 74. Étant de pied ferme, partir au trot.

*L'instructeur fait arrêter sur l'un des grands côtés, lors-que le dernier cavalier de la reprise à passé le deuxième coin.*

Au commandement : *Préparez-vous à partir au trot,*

Tous les cavaliers rassemblent leurs chevaux.

Au commandement : *Partez au trot.*

Assurer le haut du corps, baisser les poignets et fermer les jambes énergiquement et sans à-coup ; dès que le cheval obéit, replacer les poignets et les jambes par degrés.

## 75. Marchant au trot, arrêter.

*L'instructeur fait son commandement préparatoire assez à temps pour commander :* Arrêtez, *lorsque tous les cavaliers sont sur l'un des grands côtés.*

Au commandement : *Préparez-vous à arrêter,*

Tous les cavaliers rassemblent leurs chevaux.

Au commandement : *Arrêtez ,*

Assurer le haut du corps, élever les poignets par degrés, jusqu'à ce que le cheval arrête, et tenir toujours les jambes près, pour éviter qu'il ne se traverse ou ne recule. Le cheval ayant obéi, replacer les poignets et les jambes par degrés.

*L'instructeur exige que tous les cavaliers partent franchement au trot au commandement :* Partez au trot, *et qu'ils s'arrêtent tous à la fois et sans à-coup, au commandement :* Arrêtez. *Il veille à ce que le corps ne penche pas en arrière au départ, et à ce qu'il ne s'incline pas en avant au moment de l'arrêt.*

## 76. Passer du trot au grand trot et du grand trot au trot.

*Les cavaliers marchant au trot et en colonne, sur l'un des grands côtés, l'instructeur leur fait allonger l'allure.*

Au commandement : *Allongez,*

Baisser un peu les poignets sans cesser de sentir la bouche du cheval, assurer le corps et fermer les jambes progressivement jusqu'à ce que l'allure soit suffisamment allongée, sans que les chevaux soient provoqués au galop, et entretenir cette allure par le même soutien de la main et une égale pression des jambes.

Pour empêcher les chevaux de forger et de s'abandonner

sur les épaules, il faut élever un peu les poignets et tenir les jambes plus ou moins près.

*Si le cavalier, en baissant les poignets, cessait de sentir
la bouche de son cheval, celui-ci, ne se sentant plus maintenu, deviendrait incertain, s'abandonnerait sur les épaules,
et prendrait facilement le galop.*

*L'allure étant allongée au degré convenable, si le cavalier
ne l'entretenait pas par le degré de pression des jambes qui
l'a déterminée, le cheval ralentirait.*

*Il faut soutenir les poignets, et tenir les jambes plus ou
moins pressées, pour empêcher les chevaux de forger, parce
que ce défaut est le résultat d'un trop grand éloignement des
forces du centre de gravité et que par le moyen indiqué
on les ramène à leur place normale.*

*L'instructeur donne une attention particulière à la position
des cavaliers; il leur rappelle que c'est en tenant le corps
droit, en ayant la main légère, les reins souples, et en
laissant tomber sans force les cuisses et les jambes, qu'ils
peuvent diminuer l'effet des réactions du cheval, et parvenir
à se lier à tous ses mouvements.*

*L'instructeur ne fait faire à cette allure allongée qu'un
tour ou deux à chaque main : en la prolongeant davantage,
on pourrait mettre les chevaux hors de leur aplomb, détruire
l'égalité des allures, et fausser la position des cavaliers qui
se fatigueraient bientôt.*

Au commandement : *Ralentissez*,

Assurer le haut du corps en arrière, élever les poignets
par degrés et tenir les jambes près pour empêcher le cheval
de prendre le pas; dès que le cheval obéit, replacer les poignets et les jambes par degrés.

## 77. Passer du trot au galop par accélération de l'allure du trot.

*Lorsque les cavaliers ont acquis de la souplesse et de l'as-
surance, et qu'ils conservent au trot une position régulière,*

*l'instructeur leur fait faire quelques tours au galop. Ce tra-*
*vail n'ayant pour but, dans cette leçon, que d'habituer les*
*cavaliers aux oscillations, nouvelles pour eux, que fait naître*
*le galop, l'instructeur ne leur explique pas encore le méca-*
*nisme de cette allure, ni les moyens d'en assurer la justesse;*
*il exige seulement que chaque cavalier reste exactement lié à*
*son cheval, sans perdre sa position.*

*L'instructeur fait prendre aux cavaliers 4 mètres de dis-*
*tance entre eux, pour éviter les accidents. Il leur prescrit*
*de ne prendre le galop que successivement au passage du*
*premier coin, de manière à entraîner leurs chevaux à pren-*
*dre le galop sur le pied du dedans.*

*Les cavaliers marchant au pas, l'instructeur donne les ex-*
*plications suivantes :*

En approchant du coin, baisser un peu les poignets
sans cesser de sentir la bouche du cheval et augmenter
progressivement la pression des jambes, pour allonger le
trot.

Le trot étant arrivé à son maximum de vitesse, chaque
cavalier successivement, au moment de passer le coin,
détermine son cheval au galop par une pression égale et
sans à-coup des jambes, ayant soin de ne pas porter le
corps en avant. Le cheval ayant pris le galop, avoir la
main légère et les jambes près pour le maintenir dans
son allure.

*Ces explications données, l'instructeur fait prendre le*
*trot, et prescrit aux cavaliers d'allonger l'allure, de ma-*
*nière à prendre successivement le galop au passage du pre-*
*mier coin sans commandement.*

## 78. Passer du galop au trot.

*Après un ou deux tours au plus, l'instructeur fait passer*
*les cavaliers du galop au trot. Il fait son commandement*
*préparatoire assez à temps pour commander : Marchez au*
*trot, lorsque tous les cavaliers sont maîtres de leurs chevaux.*

Au commandement : *Préparez-vous à marcher au trot*,

Elever un peu les poignets et tenir les jambes près, pour assurer la position et préparer le cheval à changer d'allure.

Au commandement : *Marchez au trot*,

Assurer le haut du corps en arrière, élever les poignets par degrés et tenir les jambes près, jusqu'à ce que le cheval ait repris le trot; n'oubliant pas que, dans le principe, cette dernière allure doit être la plus allongée possible, pour la réduire peu à peu au degré prescrit.

*L'instructeur fait prendre le pas, et changer de main pour recommencer le même travail à main gauche.*

## 79. Appuyer à droite où à gauche, la tête au mur.

*Les cavaliers marchant au pas sur l'un des grands côtés, l'instructeur les fait doubler individuellement, lorsque le conducteur est près d'arriver à l'extrémité de la piste, et il les arrête, lorsqu'après avoir doublé, ils arrivent la tête au mur opposé.*

Au commandement : *Préparez-vous à appuyer à droite*,

Déterminer les épaules de son cheval à droite, en ouvrant un peu la rêne droite et fermant un peu la jambe droite.

Ce mouvement n'est que préparatoire, il indique au cavalier que les épaules de son cheval doivent toujours ouvrir la marche et précéder le mouvement des hanches.

Au commandement : *Appuyez à droite*,

Ouvrir la rêne droite et appuyer la rêne gauche près du garrot, pour déterminer l'avant-main du cheval à droite; fermer en même temps la jambe gauche, pour faire suivre les hanches, sans pencher le corps à gauche ni en avant.

Pendant tout le temps, le cavalier doit maintenir la jambe droite près, pour entretenir le cheval dans le mouvement en avant.

Le cavalier doit toujours tenir son cheval obliquement

à la piste, lui faisant regarder le côté vers lequel il appuie, par l'effet plus senti de la rêne droite, tout en soutenant de la rêne gauche, afin de rendre son mouvement plus facile.

Le cavalier doit commencer ce mouvement modérément et conserver son aplomb pour ne pas gêner le cheval.

Le cheval obéissant aux aides, le cavalier doit en continuer l'effet sans à-coup.

*Après quelques pas sur le côté, l'instructeur fait arrêter : à cet effet, il donne de suite le détail pour arrêter.*

Au commandement : *Arrétez*,

Cesser insensiblement l'effet des mains à droite et de la jambe gauche, en soutenant, dans la même proportion, de la rêne gauche et de la jambe droite, jusqu'à ce que le cheval arrête, et replacer alors les mains et les jambes par degrés.

*Lorsque les cavaliers ont appuyé la tête au mur, l'instructeur fait quelquefois exécuter le mouvement de reculer et cesser de reculer.*

## MOYENS DE RÉPARER LES FAUTES.

**80.** *Le détail du mouvement d'appuyer étant très-long, pour qu'il puisse être bien saisi des cavaliers, l'instructeur se réservera les moyens de réparer les fautes, pour en faire l'application, lorsque les cavaliers les commettront.*

*Il fait d'abord exécuter ce mouvement homme par homme, afin d'y apporter plus de soin, et ensuite par tous les cavaliers à la fois.*

Si le cheval force sa direction oblique, le cavalier doit le redresser en augmentant l'effet de la rêne et de la jambe gauches.

Si, au contraire, le cheval conserve une direction perpendiculaire au mur, ou bien encore, si les hanches devancent les épaules, le cavalier le replace obliquement à droite, en augmentant l'effet de la rêne et de la jambe droites.

Si le cheval précipite son mouvement sur le côté, il faut diminuer l'effet des mains à droite et celui de la jambe gauche, en augmentant l'effet de la rêne gauche et de la jambe droite.

Si le cheval se porte en avançant contre le mur, il faut diminuer l'effet des jambes et augmenter celui des mains, en arrêtant et rendant alternativement.

Si, au contraire, il recule, il faut augmenter l'effet des jambes et diminuer celui des mains, en déterminant toujours les épaules du cheval du côté vers lequel on appuie; car c'est ordinairement la gêne qu'il éprouve, lorsque le mouvement des épaules ne précède pas celui des hanches, qui le fait reculer.

81. *On peut aussi faire appuyer la tête au mur, après avoir arrêté les cavaliers en colonne sur la piste, lorsque le dernier cavalier de la reprise, après avoir passé le deuxième coin, est arrivé sur l'un des grands côtés.*

Au commandement : *Préparez-vous à appuyer à droite, la tête au mur,*

Elever un peu les poignets pour s'opposer au mouvement en avant et fermer la jambe gauche un peu en arrière, pour amener les hanches en dedans du manége. Le cheval étant placé dans la direction d'un demi-à-gauche, recevoir les hanches avec la jambe droite, pour arrêter leur mouvement de rotation autour des épaules et maintenir le cheval dans cette nouvelle direction.

Au commandement : *Appuyez à droite,*

Les cavaliers se conforment à ce qui est prescrit pour appuyer à droite, la tête au mur, après avoir doublé dans la largeur.

Au commandement : *Arrêtez,*

Les cavaliers arrêtent, comme il est prescrit n° 79, ayant l'attention de maintenir leurs chevaux dans la direction d'un demi-à-gauche.

Au commandement : *Redressez,*

Les cavaliers soutiennent les poignets pour s'opposer au mouvement en avant, et ferment la jambe droite un peu en arrière, pour ramener les hanches à la piste, où elles sont reçues par la jambe gauche.

## 82. Appuyer à droite ou à gauche, étant en colonne.

*L'instructeur fait commencer un changement de direction dans la longueur du manége, et lorsque tous les cavaliers sont dans la même direction, il fait arrêter.*

*Les cavaliers n'ayant pas le secours du mur, le mouvement devient plus difficile : aussi l'instructeur doit-il s'attacher plutôt à surveiller les moyens employés par chaque cavalier, qu'à la régularité du mouvement, qui s'exécute du reste suivant les mêmes principes que la tête au mur.*

*83. Pendant les derniers jours de cette leçon, l'instructeur fait de temps à autre croiser les rênes dans la main gauche, afin que les cavaliers, conduisant leurs chevaux avec cette main seulement, se trouvent préparés au travail en bride; il veille à ce que chaque cavalier se maintienne bien carrément sur son cheval.*

# VOLTIGE

---

## DEUXIÈME LEÇON

| 1re PARTIE | 2e PARTIE. |
|---|---|
| *Voltige de pied ferme.* | *Voltige au galop.* |
| Sauter à cheval et à terre. | Sauter à cheval et à terre. |
| Étant à cheval, s'enlever sur les poignets. | Franchir le cheval des deux côtés. |

Sauter à cheval d'un seul temps.

Franchir le cheval de gauche à droite.

2ᵉ Manière de franchir.

3ᵉ Manière de franchir.

Sauter à cheval d'une seule main.

Étant à cheval, s'asseoir de côté.

*Voltige en prenant l'élan.*

Sauter à cheval par la croupe.

Sauter par la croupe pour arriver à terre à l'épaule du cheval.

Arriver debout sur la selle par la croupe.

Sauter à cheval par le côté.

Franchir le cheval de gauche à droite.

## PREMIÈRE PARTIE

### VOLTIGE DE PIED FERME.

Les cavaliers sont dans la même tenue que pour la 1ʳᵉ leçon ; les chevaux sont harnachés d'une selle et d'une bride spéciales, dites *de voltige.*

La selle de voltige doit avoir un siége large et aplati du derrière ; on y place aussi, pour faciliter le travail, un crampon en fer de chaque côté du pommeau. Ces crampons doivent être assez longs pour qu'on puisse les tenir à pleines mains, et être assez écartés du garrot pour ne pas comprimer les doigts du cavalier (voir le surfaix).

Les rênes de la bride de voltige sont fixées par les porte-mors à la muserolle, et celles du filet, dont les montants et le mors sont supprimés, sont fixées au banquet du mors de bride, qui doit être brisé dans son embouchure.

L'instructeur fait recommencer, avec la selle et la bride, tous les mouvements de la 1<sup>re</sup> leçon, en se conformant aux modifications que nécessite ce harnachement.

## 84. Sauter à cheval et à terre.

Comme il est prescrit n° 55, le cavalier prenant à volonté de la main gauche le crampon de la selle ou les crins, plaçant la main droite sur le pommeau, le pouce allongé sur le côté, les doigts en dessous et dans le creux du pommeau.

## 85. Étant à cheval, s'enlever sur les poignets.

Prendre le crampon ou les crins de la main gauche et le pommeau de la droite, exécuter ce qui est prescrit au n° 56.

## 86. Sauter à cheval d'un seul temps.

Comme il est prescrit n° 57.

## 87. 2<sup>e</sup> Manière de sauter à cheval.

Saisir le pommeau de la selle avec les deux mains, la droite posée sur la gauche, et sauter à cheval, comme au n° 57.

## 88. Sauter à terre et à cheval d'un seul temps.

Saisir le crampon et le pommeau de la selle; le reste du mouvement, comme au n° 58.

**89. Franchir le cheval de gauche à droite.**

Comme il est prescrit au n° 59.

## 90. 2<sup>e</sup> Manière de franchir.

Placer les deux mains au pommeau de la selle; s'enlever des deux pieds, en tirant le pommeau à soi ; plier les genoux vers la proitrine, les deux jambes réunies, et les passer ainsi par-dessus la croupe, en inclinant le corps à gauche; arriver à terre comme au n° 59.

## 91. 3<sup>e</sup> Manière de franchir.

Saisir le pommeau de la main gauche, la droite sur le derrière de la selle, les doigts à la croupière, et continuer le mouvement comme au n° 59, la main droite quittant la selle au moment de passer les jambes à droite.

## 92. Sauter à cheval d'une seule main.
### (Deux manières.)

Exécuter la 1<sup>re</sup> et la 2<sup>e</sup> manière comme il est prescrit n° 40.

## 93. Étant à cheval, s'asseoir de côté.

Saisir le pommeau de la main gauche, enlever la jambe droite par-dessus l'encolure du cheval et s'asseoir sur la selle, les deux jambes à gauche, la main droite remplaçant de suite la gauche au pommeau; on se remet à cheval en passant la jambe droite par-dessus l'encolure, ou en saisissant les crins de la main gauche et le pommeau de la droite, s'enlevant sur les poignets et passant la jambe droite par-dessus la croupe pour se remettre en selle.

*Observation*. Tous ces mouvements sont exécutés de la droite à la gauche par les mêmes principes et les moyens inverses.

### VOLTIGE EN PRENANT L'ÉLAN.

L'instructeur se conforme à tout ce qui est prescrit dans la 1<sup>re</sup> leçon.

## 94. Sauter à cheval par la croupe.

Comme il est prescrit n° 41.

## 95. Sauter par la croupe pour arriver à terre à l'épaule.

Comme il est prescrit n° 42.

## 96. Arriver debout sur la selle par la croupe.

Exécuter le mouvement comme au n° 42, en donnant une impulsion plus vive à la course, le haut du corps un peu en avant, les jambes écartées en arrivant en croupe, et rapprochant les pieds du corps pour les placer sur la partie aplatie de la selle ; arriver les jarrets pliés, se redresser en se maintenant un instant en équilibre, le corps droit, les jarrets tendus : dans cette position, sauter obliquement à gauche ou à droite, ayant soin d'arriver à terre sur la pointe des pieds, en pliant les jarrets, et à hauteur de l'épaule.

## 97. Sauter à cheval par le côté.

Comme il est prescrit au n° 43, le cavalier plaçant la main gauche sur le pommeau et la droite sur le derrière de la selle.

## 98. Franchir le cheval de gauche à droite.

Comme il est prescrit au n° 44, la main gauche sur le pommeau, la droite sur le derrière de la selle.

Exécuter ces deux derniers temps de droite à gauche par les moyens inverses.

## DEUXIÈME PARTIE

### VOLTIGE AU GALOP.

L'instructeur se conforme à ce qui est prescrit pour la voltige au galop dans la première leçon ; les rênes du filet sont fixées au crochet du pommeau de la selle, celles de la bride sont fixées sur l'encolure par le bouton coulant, en y faisant un nœud.

### 99. Sauter à cheval et à terre.

*A cheval.* Se placer à l'épaule gauche du cheval, saisir les crins ou le crampon de la main gauche ; et le pommeau de la selle de la main droite , exécuter le mouvement du n° 45.

*A terre.* Comme il est prescrit au n° 45.

*Observation.* L'instructeur fait passer la jambe droite par-dessus l'encolure pour sauter à terre, comme au n° 43, quand il le juge convenable.

### 100. Franchir le cheval des deux côtés.

Comme il est prescrit au n° 46 , l'instructeur faisant saisir les crampons de la selle et recommandant de ne pas les abandonner trop tôt.

### 101. Des sauteurs.

*Les cavaliers ayant acquis assez l'habitude du cheval pour exécuter correctement la 1re partie de la 2e leçon, l'instructeur leur fera monter, à tour de rôle , le 1er sauteur dans les piliers, pendant le cours de la 2e partie.*

*L'utilité du sauteur dans les piliers est incontestable ; car cet exercice assouplit les cavaliers, les habitue à résister plus tard sans étonnement aux défenses des chevaux qu'ils sont appelés à monter, et met en confiance les cavaliers timides, qui, par une direction bien entendue, acquièrent bientôt l'habitude de ce travail, toujours favorable à leur solidité.*

*Les premières leçons doivent se borner à donner aux cavaliers les moyens de se lier au sauteur, à faire exécuter les mouvements de se ranger à droite et à gauche, la courbette, la ballottade dont on fait augmenter l'élévation au fur et à mesure que les cavaliers prennent plus de confiance, et enfin la courbette suivie de la ruade.*

*Le sauteur est en bridon et en selle à piquer.*

*Les cavaliers désignés doivent quitter chapeau et éperons.*

La position du cavalier sur le sauteur est la même qu'à la 1<sup>re</sup> leçon. Il tient les rênes du bridon, conformément aux principes prescrits à cette leçon, et assez longues pour ne pas prendre un point de tenue à la bouche du cheval, afin de ne point le gêner.

Le cavalier doit se lier au sauteur, des cuisses, des jarrets, des gras de jambe, et avoir la pointe des pieds bas, pour avoir le plus de points de contact possible.

Le cavalier doit éviter de prendre un point d'appui aux battes avec les genoux, ce qui pourrait faciliter sa tenue en selle à piquer, mais ferait manquer le but de cette instruction, qui est de préparer à la solidité en selle rase et en selle anglaise.

Quel que soit le mouvement du cheval, le cavalier doit s'attacher à conserver la verticalité du corps, position qui lui permet d'arriver plus promptement au-devant de l'élévation de l'avant comme de l'arrière-main, soit dans la courbette, soit dans la ruade, ou bien encore dans la ballottade et le saut, où il faut que le corps se soutienne successivement et rapidement en avant et en arrière.

Le corps du cavalier doit, en un mot, représenter l'aiguille mobile d'un balancier, qui, en restant dans la verticalité, permet à ses deux extrémités de se rapprocher ou de s'éloigner d'elle sans changer de position.

*Les cavaliers ayant dans le principe la mauvaise habitude d'écarter les coudes, l'instructeur veillera à ce qu'ils les conservent bien placés et à ce qu'ils évitent les mouvements forcés de la colonne vertébrale qui doit rester souple mais sans abandon.*

# TROISIÈME LEÇON

| 1re PARTIE. | 2e PARTIE. |
|---|---|
| Description de la selle. | Principes du galop. |
| Description des têtières de la bride et du filet. | Travail au galop sur des lignes droites. |
| Description du mors du filet. | Travail au galop en cercle. |
| Puissance de ce mors. | |
| Description du mors de bride. | |
| Puissance de ce mors. | |
| Ajuster la selle. | |
| Ajuster la bride. | |
| Monter à cheval. | |

DE PIED FERME.
- Ajuster les rênes.
- Prendre le filet de la main droite.
- Lâcher le filet.
- Effets du mors du filet.
- Effets du mors de bride.
- Des mouvements principaux de la main de la bride.
- Rassembler son cheval.

Marcher.

Arrêter.

DE PIED FERME.
- A droite.
- A gauche.
- Demi-tour à droite, demi-tour à gauche.
- Quart d'à-droite, quart d'à-gauche.
- Reculer et cesser de reculer.

Du placé.

Passage du coin.

Travail de la 2ᵉ leçon avec la bride.

Prendre le filet de la main gauche.

Lâcher le filet.

Appuyer à droite ou à gauche.

3e leçon de voltige.

Monter le 2e sauteur.

## PREMIÈRE PARTIE.

On réunit le même nombre de cavaliers que pour les leçons qui précèdent ; leur tenue est la même.

Les chevaux sont sellés et bridés.

L'instruction des élèves étant assez avancée pour qu'ils soient à même d'apprécier l'influence que peuvent avoir les différentes parties du harnachement pour la conduite et la conservation du cheval, l'instructeur leur apprend à les connaître et à les ajuster eux-mêmes.

## 102. Description de la selle.

Le harnachement dit *à la française* a été conservé au manége, comme traditionnel d'une part, et de l'autre, parce que la selle rase est dans les conditions les plus favorables à la posture des hommes, à leur enveloppe et à leurs moyens d'action sur le cheval.

La selle française a pour base un *arçon* en bois de hêtre, formé de 9 pièces, qui sont :

*L'arcade de devant*, composée de deux pièces, surmontées de *deux liéges*, base des battes ;

*L'arcade de derrière*, formée de trois pièces, dont une, nommée *Pontet*, consolide les deux autres;

Deux *bandes* s'unissant aux arcades.

Le tout est *nervé, entoilé, encuré* et *ferré*.

### FERREMENTS.

*L'arçon* est porteur de pièces en fer, dont les unes sont destinées à le consolider, et les autres à donner attache à certaines parties du harnachement.

A la partie supérieure de *l'arcade de devant* est une bande en fer que l'on nomme *bande de garrot*. Une autre bande est placée en dessous et rivée avec la première; on la nomme *contre-bande*.

A *l'arcade de derrière*, on trouve la *bande de rognon*, et sa contre-bande rivées ensemble.

Quatre *pitons*, rivés deux à deux, consolident les *liéges*.

Sept *boucles* enchapées sont destinées: deux, sur les côtés de l'arcade de devant, *au poitrail;* deux à chaque bande, les antérieures, *aux étrivières*, et les postérieures aux *contre-sanglons*, et une, au centre postérieur de l'arcade de derrière, *à la croupière*.

### FAUX-SIÉGE.

Le *faux-siége* est formé de *deux bandes en fil de chanvre*, se croisant en diagonal et fixées aux *arcades*, et de deux *traverses* du même tissu; la première traverse sert à fixer le *contre-sanglon* antérieur; le tout bien tendu.

Une *pièce de treillis* est appliquée sur le *faux-siége* et clouée autour de *l'arçon*.

### MATELASSURE.

La *matelassure* se compose d'un *bourrelet* formant le derrière de la selle et se prolongeant jusqu'aux *mamelles*.

Les *mamelles* sont les parties renflées, et situées sur les parties latérales et postérieures du *siège*.

Une *pièce de serge*, fixée et clouée autour de l'arçon est ensuite rembourrée avec de *la laine bien cardée*.

Tout est recouvert par des *battes* et un *siége* en *veau laque*, piqués en soie bleue.

On distingue dans le siége : *l'assiette*, où posent les fesses; *les mamelles*, qui bornent latéralement et postérieurement le siége; *le col*, qui donne l'ensellement et facilite le placement des cuisses.

Deux *quartiers* en cuir, ordinairement de mouton, recouverts en veau laque et piqués comme le *siége*, sont fixés en avant par des clous dorés, et sur le pourtour du siége par des tirans.

La selle est recouverte par une *chemise* en bazanne doublée de toile blanche.

Sous les quartiers, sont trois *contre-sanglons* de chaque côté.

Les *panneaux* sont composés d'un corps en bazanne et d'une toile assez ample pour contenir le rembourrage qui est ordinairement en laine ou en crin.

Quatre *chaussures*, disposées aux angles des panneaux, servent, conjointement avec des *goupilles*, à les fixer à l'arçon.

Le *poitrail* se compose de deux *côtés* avec boucles dorées, deux *supports* et une *traverse* terminée à ses extrémités par des fleurons.

Les *supports* se fixent à la selle, et les *côtés* s'engagent horizontalement dans la branche antérieure des sangles.

Les *sangles* se composent d'un corps de sangle en tissu de fil bifurqué, les branches antérieures moins longues que celles postérieures, et d'un *surfaix* de même étoffe.

Ces sangles et surfaix portent six boucles enchapées, pour recevoir les contre-sanglons.

Les *étrivières*, en cuir fauve, portent un *étrier* en cuivre et à grille.

La *croupière* se compose de trois pièces, la *longe*, la *fourche* et le *culeron*.

La *martingale* se compose d'une bande de cuir, terminée par un œillet à chaque extrémité, avec boucles destinées à en régler la longueur.

L'*étrier* se compose de l'œil, des branches et de la grille.

## 103. Description du filet.

NOTA. *Tous les accessoires en métal sont en cuivre, et toutes les parties bouclantes sont terminées par des fleurons.*

Le filet est composé de :

Un dessus de tête ;

Deux montants, fixés aux anneaux du mors et portant une boucle à leur partie supérieure, pour recevoir le dessus de tête ;

Les rênes, cousues à droite, et ayant une boucle à gauche, pour les allonger ou les raccourcir ;

Un mors, composé de cinq pièces en fer, qui sont :

Deux canons unis par l'anneau de jonction, et deux anneaux destinés à recevoir les montants et les rênes.

## 104. Puissance du mors du filet.

La puissance du mors du filet s'exerce plus particulièrement sur la commissure des lèvres, que sur les barres du cheval.

L'utilité du filet est de conserver un moyen de conduite au cavalier, lorsqu'il lui devient nécessaire de cesser d'agir avec la bride, pour rafraîchir (1) la bouche de son cheval, le placer à la main à laquelle on marche, ou bien encore pour combattre les résistances de la croupe.

_______________

(1) On trouvera l'explication de ce mot, dans le cours de cette leçon.

## 105. Description de la bride.

La bride se compose de :

Un dessus de tête, terminé de chaque côté par une bifurcation ;

Deux montants, ayant chacun deux boucles : l'une, à la partie supérieure, pour recevoir le dessus de tête, et l'autre, à la partie inférieure, où se trouve le porte-mors, qui s'y engage ;

La sous-gorge, ayant une boucle à chaque extrémité, pour la fixer au dessus de tête ; elle est destinée à empêcher la bride de se dégager de la tête du cheval ;

Le frontal, qui maintient le dessus de tête à sa place ;

La muserolle, composée du dessus de nez, ayant une boucle à chaque extrémité, pour recevoir la sous-barbe, destinée à empêcher certains chevaux de trop ouvrir la bouche, et à donner attache à la martingale ;

Les rênes, ayant à leur partie supérieure une boucle et un porte-rênes, pour les fixer au mors ; elles sont munies d'un passant coulant et terminées à leur partie supérieure par un passant fixe ;

Le mors de bride, composé :

De l'embouchure,

Des branches,

De la gourmette,

Des bossettes ;

L'embouchure comprend deux canons unis par la liberté de langue ; la jonction des canons à la liberté de langue se nomme talons.

Les branches, réunies aux canons au moyen des fonceaux, se divisent en partie supérieure, où se trouvent les œils du mors et où sont fixés à droite la gourmette par l'S et le crochet à gauche, et en partie inférieure, où sont, aux 2/3 de la longueur, les œils de la fausse-gourmette, et en bas les anneaux porte-rênes ;

La gourmette, composée de mailles, doit être plate, large de 5 centimètres vers son centre, où est l'anneau destiné au passage de la fausse gourmette, et diminuant graduellement jusqu'à ses extrémités, où elle est terminée par deux maillons à gauche et un à droite;

Les bossettes servent d'ornement;

La fausse-gourmette, en cuir le plus ordinairement, se divise en deux parties : l'une est fixée à droite à l'aide d'un passant fixe, et l'autre, à gauche, sous forme de boucleteau, est destinée à recevoir la première.

La fausse-gourmette a pour objet d'empêcher le cheval de prendre le mors avec les lèvres.

## 106. Puissance du mors de bride.

Le mors de bride représente un levier du $2^e$ genre, dont la puissance est à l'extrémité inférieure des branches, le point d'appui à la partie supérieure, et la résistance à vaincre par les canons se trouve sur les barres.

Considéré dans ses effets, le mors est un levier dont la puissance est en raison de la combinaison des proportions de ses différentes parties constitutives entre elles.

Quel que soit le degré de sensibilité des barres, les branches devront être droites, les canons perpendiculaires aux branches, et la liberté de langue élevée de 5 centimètres au plus et de 2 au moins à partir de l'axe des canons.

On dit que le mors est doux, lorsque les branches sont courtes, les canons gros et la liberté de langue basse.

En effet, plus les canons sont gros, et plus ils ont de points de contact avec les barres; leur appui sur ces parties étant réparti sur une plus grande surface, la pression en devient moins pénible pour le cheval.

La liberté de langue, étant peu développée, permet au cheval de soulager ses barres, en supportant en partie l'embouchure.

Et enfin, comme la puissance d'un bras de levier est en raison de sa longueur, il devient évident, que plus les branches seront courtes, et moindre sera leur action, sollicitée par une même force.

On dit, par contre, qu'un mors est dur, lorsque les canons sont minces, la liberté de langue élevée, et la partie inférieure des branches longue.

Le mors est dit ordinaire, lorsque ses parties constituantes sont combinées dans les proportions moyennes des mors précédents, c'est-à-dire que les canons devront avoir 18 millimètres de diamètre, la liberté de langue élevée de 25 millimètres et les branches 16 centimètres de longueur totale dont 5 à la partie supérieure.

## 107. Ajuster la selle.

Pour que la selle soit bien ajustée, elle ne doit être ni trop large, ni trop étroite aux libertés de garrot et rognon.

Trop large, elle pourrait en descendant sur le corps du cheval le blesser aux parties correspondantes, et trop étroite, elle n'embrasserait pas assez le cheval et serait roulante.

La selle doit être placée sur le dos du cheval, de manière que la partie antérieure des panneaux soit à quatre travers de doigts de la partie supérieure et postérieure des épaules.

Plus en avant, elle gênerait le mouvement des épaules et les sangles trop près des coudes les blesseraient.

Trop en arrière, les sangles comprimeraient les fausses côtes, et gêneraient l'acte de la respiration.

Le poitrail doit être ajusté de manière que la traverse soit à 8 centimètres au dessus de la pointe des épaules pour n'en pas gêner les mouvements.

La croupière doit être d'une longueur telle que, le cheval étant sanglé, on puisse mettre quatre doigts de champ entre elle et la croupe.

Les sangles ne doivent être ni trop ni pas assez serrées.

La martingale, engagée dans les sangles, passe entre la traverse du poitrail et le poitrail du cheval, pour venir se fixer à la sous-barbe qui passe dans l'œillet. Elle est destinée à maintenir à la hauteur convenable la tête des chevaux qui portent au vent.

## 108. Ajuster le filet.

Pour que le filet soit bien ajusté, il faut que le frontal ne soit ni trop court ni trop long.

Trop court, il comprimerait les oreilles en arrière avec le dessus de tête, qui pourrait les blesser et rendre le cheval difficile à brider.

Trop long, le dessus de tête irait trop en arrière, et ne pourrait être maintenu sous celui de la bride, qui doit le recouvrir.

Les montants doivent être ajustés de manière que le mors soit à 5 millimètres de la commissure des lèvres, et que leurs boucles, avec celles des montants de la bride et de la sous-gorge, forment la patte d'oie.

Si le mors était trop haut, il ferait froncer les lèvres et émousserait la sensibilité de ces parties sur lesquelles il est appelé à agir plus particulièrement que sur toute autre.

Si, au contraire, le mors était trop bas, il s'engagerait sous les canons du mors de bride, en gênerait les effets et pourrait blesser les barres.

Le cheval étant bridé, il faut que le mors du filet soit toujours par-dessus celui de la bride.

## 109. Ajuster la bride.

Le dessus de tête de la bride et le frontal doivent être ajustés de la même manière que ceux du filet qu'ils doivent recouvrir.

Les montants doivent être assez longs pour que le mors de bride puisse être mis à la hauteur convenable dans la bouche du cheval.

La muserolle doit être bouclée en arrière des montants et être serrée de manière à empêcher le cheval d'ouvrir la bouche de plus de 4 centimètres.

Le mors de bride doit être ajusté de telle sorte, que les canons soient à 2 centimètres au-dessus des crochets d'en bas (1).

La gourmette doit être mise sur son plat et accrochée de manière à pouvoir passer deux doigts entre elle et la barbe du cheval, sans faire basculer le mors.

La fausse-gourmette sera bouclée de manière à empêcher le cheval de prendre les branches du mors avec ses lèvres ou avec ses dents, sans être assez tendue pour faire basculer le mors, ce qui amènerait une pression constante des canons sur les barres, et finirait par émousser la sensibilité de ces parties.

*Il est de la plus haute importance d'entrer dans tous les détails qui précèdent; aussi l'instructeur devra-t-il en faire l'objet d'une séance orale, suivie d'une application, avant de commencer la 3ᵉ leçon.*

## 110. Monter à cheval.

*L'instructeur exigera que les palefreniers restent à la tête des chevaux jusqu'à la définition des mouvements principaux de la main de la bride.*

Au commandement : *Montez à cheval,*

Les cavaliers se conforment à ce qui est prescrit à la première leçon, avec cette différence, qu'une fois en selle, ils conservent les rênes dans la main gauche.

(1) Les chevaux que doivent monter les élèves devant être embouchés convenablement, nous n'avons pas dû parler de la règle à suivre pour adapter un mors, instruction qui sera donnée à l'article du dressage des jeunes chevaux. Cette instruction sera faite ultérieurement.

### 111. Position de la main de la bride.

Les rênes avec leur bouton coulant dans la main gauche, le petit doigt entre les rênes, les doigts bien fermés et le pouce sur la seconde jointure du premier doigt pour les contenir égales ; le coude un peu détaché du corps ; la main à 11 centimètres au-dessus des battes, les doigts à 16 centimètres et en face du corps, le petit doigt plus près du corps que le haut du poignet ; la main droite tenant la cravache, la mèche en haut, à hauteur et à 8 centimètres à droite de la main gauche.

*L'instructeur devra donner ce détail lentement, de manière à permettre aux cavaliers d'en exécuter successivement les différentes prescriptions.*

*Il passera ensuite d'un cavalier à l'autre, pour rectifier la position de la main de la bride. Il s'attachera surtout à leur bien faire comprendre, que la main fermée ne doit communiquer aucune roideur au poignet, et qu'il ne faut pas non plus qu'elle forme d'angle avec l'avant-bras.*

*Nota. Le cavalier doit toujours, au manége, tenir les rênes avec la main du dehors ; celle du dedans étant destinée à placer le cheval. Il devra donc les changer de main, en les ajustant, à la fin de chaque changement de main.*

*Lorsque le cavalier doit prendre les rênes avec la main droite, il les ajuste préalablement. Il prend ensuite les rênes avec le petit doigt de la main droite près du pouce gauche et il ferme ensuite les autres doigts successivement en abandonnant les rênes de la main gauche.*

*Les rênes ayant été ajustées, il est évident que si le cavalier les prenait avec la main droite de manière que les pouces se touchent, elles seraient trop longues de toute la largeur de la main gauche lorsque cette main les aurait abandonnées.*

## 112. Position de la main droite tenant les rênes.

La main droite tient les rênes et la cravache, les ongles en dessous, les doigts bien fermés et le pouce allongé sur la seconde jointure du premier doigt pour les contenir égales; l'extrémité des rênes sortant du côté du petit doigt; le coude un peu détaché du corps, la main à 11 centimètres des battes et en face du corps; la main gauche tombant sur le côté ou tenant la rêne gauche du filet pour placer le cheval.

*Ces différentes positions de main de bride étant détaillées et déjà comprises par les élèves, l'instructeur les leur fera prendre alternativement plusieurs fois de suite, et en ajustant les rênes, afin de les confirmer dans les principes.*

Nota. *Il est bon, dans le commencement du travail en bride à main gauche, de faire tenir la cravache la mèche en bas, et d'exiger que le cavalier la tienne appuyée à l'épaule du cheval, ce qui oblige la main à prendre la position voulue.*

## 113. Ajuster les rênes.

*Après chaque partie de détail, l'instructeur devra démontrer et faire exécuter le mouvement individuellement, et ensuite par tous les cavaliers à la fois.*

*L'action d'ajuster les rênes a pour but de les mettre au degré de longueur convenable, pour qu'il y ait toujours un contact léger du mors avec la bouche du cheval.*

*Ce contact est indispensable pour établir entre l'homme et le cheval une sorte de conversation muette à l'aide de laquelle le cavalier se met en rapport direct avec la bouche du cheval, pour lui indiquer ses différentes volontés, sans retard comme sans à-coup, et de pouvoir ainsi le conduire avec certitude et légèreté à toutes les allures.*

*Dans de telles limites, on dit que la main du cavalier est en rapport avec la bouche du cheval.*

*Si les rênes étaient trop longues, il y aurait flottement, le cheval serait incertain et les actions de la main lui seraient toujours transmises par à-coup.*

*Si elles étaient trop courtes, les barres seraient sans relâche comprimées douloureusement, ce qui d'abord porterait le cheval au désordre, puis ensuite finirait par engourdir, émousser la sensibilité des barres et rendre le cheval lourd et difficile à maîtriser.*

A la première partie du commandement *Ajutez vos rênes*, qui est : *Ajustez*,

Saisir les rênes avec le pouce et le premier doigt de la main droite, au-dessus et près du pouce gauche, les élever perpendiculairement, en glissant la main droite jusqu'au bouton, les derniers doigts ouverts, les ongles en avant, le coude à 16 centimètres plus bas que la main ; entr'ouvrir les doigts de la main gauche, le pouce élevé, pour égaliser les rênes ; sentir légèrement l'appui du mors, et tenir les jambes près, pour contenir le cheval *(exécution)*.

A la dernière partie du commandement, qui est : *Vos rênes,*

Fermer la main gauche, laisser tomber les rênes sur le côté, replacer la main droite à 8 centimètres de la gauche, et relâcher les jambes.

## 114. Prendre le filet de la main droite.

Au commandement : *Prenez le filet de la main droite,*
Prendre le filet par le milieu avec les quatre doigts de

la main droite, les ongles en dessous, sans baisser le corps, et baisser la main gauche pour ne plus sentir l'effet du mors.

*Les cavaliers marchant à main gauche, on leur fait prendre le filet de la main gauche, suivant les mêmes principes.*

*L'instructeur fait prendre le filet de la main droite ou de la main gauche, dans le commencement du travail en bride, pour rendre le changement de position moins brusque, et ramener le côté de la main qui tient les rênes de bride, sujet à rester en arrière.*

*Il faut de bonne heure habituer les cavaliers à se servir du filet, comme moyen de conduite avec une seule main, pour leur apprendre à tromper, dans l'appui qu'ils prennent, les chevaux qui tirent à la main, alors qu'un contact trop fort et trop prolongé du mors de bride avec les barres a engourdi leur sensibilité.*

Rafraîchir la bouche de son cheval, *c'est permettre à la sensibilité des barres, qui a été émoussée, de se réveiller.*

*Par la combinaison de ses différentes parties, le mors de bride, représente deux mâchoires d'étau, dont l'une (les canons) agit sur les barres d'avant en arrière, et l'autre (la gourmette) agit sur la barre d'arrière en avant.*

*Mises en jeu par la main du cavalier, ces mâchoires se rapprochent d'autant plus, que la partie inférieure des branches du mors se porte plus en arrière.*

*Il résulte donc de cette compression, que le sang est chassé des vaisseaux situés dans la partie charnue des barres, que les nerfs d'abord très-sensibles perdent peu à peu et d'autant plus cette propriété, que la compression est plus forte et plus prolongée, et qu'enfin, le cheval, ne ressentant plus les effets du mors, devient lourd, difficile à manier, et s'emporte même, quoique embouché souvent avec un mors tellement dur que tous les tissus sont déchirés.*

*Le fait de cesser d'agir avec le mors de bride, pour se servir du filet, dont l'action s'exerce plus particulièrement sur la commissure des lèvres, permet au sang de revenir dans les vaisseaux d'où il a été chassé, et fait renaître la sensibilité des nerfs.*

*Les instructeurs doivent donc s'attacher à bien faire comprendre aux élèves ce principe si vrai de l'Ordonnance de cavalerie :* qu'en se servant alternativement de la bride et du filet, on rafraîchit la bouche de son cheval.

*Il faut porter une attention particulière à empêcher les cavaliers de se servir des rênes de bride et du filet en même temps, car en même temps aussi s'amoindrirait la sensibilité des parties où portent les deux mors, d'où il résulterait que le cavalier perdrait à la fois ses moyens de domination.*

*C'est surtout au travail de carrière, alors que les cavaliers sont appelés à monter des chevaux ambitieux et puissants, que ces importantes explications trouvent leur juste application.*

## 115. Lâcher le filet.

Au commandement : *Lâchez le filet,*

Replacer la main de la bride et laisser tomber les rênes du filet de manière qu'elles se placent sous celles de la bride ; placer la main droite à 8 centimètres de la gauche.

## 116. Des effets du mors du filet.

Le cavalier tenant les rênes de la bride dans la main gauche et le filet par le milieu, comme il est prescrit n° 114, trouve, en baissant la main gauche et élevant la droite, le moyen de cesser d'agir avec le mors de bride et de conserver un rapport avec la bouche du cheval pour le conduire.

Si, ayant la bouche échauffée, le cheval résiste aux actions combinées de la bride et du filet, et cherche à gagner à la main, le cavalier prend une rêne de filet dans chaque main, rapproche et éloigne du corps, alternativement, chaque poignet, avec plus ou moins de force, et de célérité (ce qui s'appelle *scier du bridon*), jusqu'à ce que le cheval ralentisse ou arrête.

Si, tenant les rênes de bride dans la main gauche, le cavalier agit directement d'avant en arrière, avec la main droite, sur une seule rêne du filet, il obtiendra le pli de l'encolure du même côté.

Si, au passage d'un coin, le cheval hésite à faire passer les hanches par les mêmes points que les épaules, malgré la pression de la jambe du dedans, le cavalier, en exerçant une traction sur la rêne du filet du même côté et en l'appuyant près du garrot, viendra en aide à la jambe qui a été impuissante : dans ce cas on nomme cette rêne *rêne d'opposition*.

Il en sera de même, si, pour appuyer, la jambe, qui doit faire fuir les hanches, est impuissante.

## 117. Effets du mors de bride.

*Les effets du mors de bride dans la bouche du cheval ont été diversement appréciés et, jusqu'à ce jour, la théorie en a été abandonnée à l'interprétation de chaque instructeur; d'où il est résulté, qu'à l'Ecole de cavalerie même, où les principes doivent être uniformes et basés sur la vérité, tel professeur préconise une doctrine qui, le lendemain, est démentie par tel autre.*

*En 1827 et 1828, M. le colonel de Pointe, alors sous-*

*écuyer militaire à l'École de cavalerie, fit des essais sur les effets du mors dans la bouche du cheval.*

*Il recouvrit de cire les barres d'un squelette, et constata que, dans les différents mouvements de la main, le plus grand effet des canons sur les barres, se manifestait toujours du côté de la rêne tendue.*

*M. le colonel Voisin écrivit la même vérité, et il ne tarda pas à être imité par M. Aubert, qu'il convainquit.*

*M. Rousselet, dont le nom rappelle ces talents que l'on ne retrouve plus, professa la même doctrine.*

*Et cependant, quelques instructeurs, et j'ai été du nombre, n'en continuèrent pas moins à professer l'hérésie renfermée dans le Cours d'Équitation, que, par un effet de bascule du mors, produit par la gourmette, le plus grand effet des canons sur les barres se manifestait toujours sur la barre du côté opposé à la rêne tendue : où, en d'autres termes, qu'en portant la main à droite, la rêne gauche se tendant, faisait opérer au mors, une bascule telle, que le canon gauche se soulevait et que le canon droit appuyait plus fortement sur la barre droite.*

*Frappé d'un pareil schisme, je cherchai la vérité au milieu de cette divergence d'opinions, et, après bien des tâtonnements, j'arrivai à la confection d'un mors dont les résultats doivent faire cesser toute dissidence, car ils sont d'accord avec le raisonnement mathématique [1].*

(1) Mors ordinaire, à l'embouchure duquel sont adaptés deux ressorts demi-cylindriques. Ces ressorts, fixés à la liberté de langue, où ils forment charnière, sont éloignés des canons d'environ 3 centimètres près des fonceaux ; ils sont maintenus ouverts par un second ressort fixé près des fonceaux, et ils se ferment dans le sens d'un plan, qui, passant par l'axe des canons, forme un angle de 70 degrés avec les branches. Leur extrémité flottante frotte sur un ressort à crémaillère, fixé aux branches et recourbé de manière que les crans soient dans une direction parallèle à la fermeture du ressort. (*Planche I.*)

## 118. Résultats des expériences sur les effets du mors.

| INDICATIONS DE LA DISPOSITION DES RÊNES. | ACTIONS DES RÊNES. | EFFETS OBTENUS. |
|---|---|---|
| RÊNES AJUSTÉES. | Élévation de la main, en la rapprochant du corps. | Ascension égale des deux ressorts. |
| RÊNES AJUSTÉES. | Ayant porté la main en avant et à droite. | Ascension des deux ressorts, le gauche de 3 crans en plus que le droit. |
| RÊNES ISOLÉES. | Traction directe de la rêne droite sans l'appuyer contre l'encolure ni l'ouvrir. | Ascension complète du ressort droit, le gauche de deux crans seulement. |
| RÊNES ISOLÉES. | Traction de la rêne droite en l'appuyant contre l'encolure. | Ascension complète du ressort droit, le gauche de 3 crans. |
| | Traction de la rêne droite en l'ouvrant. | Ascension des deux ressorts, le droit de 2 crans en plus. |
| RÊNES CROISÉES SOUS L'ENCOLURE ; la gauche fixée à la branche droite du mors et la droite à la branche gauche. | Main à droite. | Ascension des deux ressorts, le droit de 3 crans en plus. |

## 119. Raisonnement mathématique (1).

Les rênes étant ajustées, lorsqu'on porte la main à droite, la rêne gauche se tend, la rêne droite devient flottante, elle fait guirlande, de telle sorte que l'action de la main ne se transmet au mors que par la rêne gauche seule. On se trouve alors ramené au cas d'une seule rêne agissant sur le mors : la question revient donc à examiner quel est le mouvement de l'instrument dans ce cas.

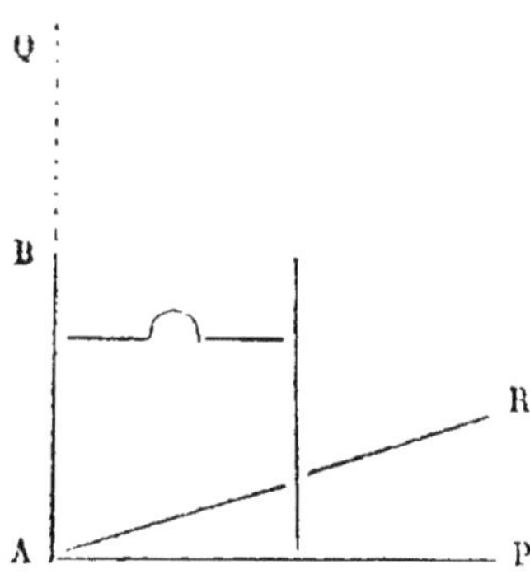

Soit AR, la puissance qui agit suivant la rêne gauche. Faisons passer un plan par cette ligne et la branche gauche AB ; et dans ce plan , décomposons AR en deux forces, l'une AP perpendiculaire à la branche gauche, l'autre AQ suivant la direction de cette branche. La première composante AP a pour effet de tirer la branche gauche en arrière et de déterminer une pression du canon gauche sur la barre gauche ; l'autre AQ a pour effet, en agissant de bas en haut, de soulever le canon gauche au-dessus de la barre gauche, et de faire opérer un mouvement de bascule du canon droit sur la barre droite. C'est donc cette force qui favorise la pression du canon droit sur la barre droite.

Ainsi, suivant que l'une ou que l'autre composante sera plus grande, la pression sur la barre gauche, ou la pression sur la barre droite, sera plus marquée.

Comparons ces deux forces entr'elles.

Leur valeur absolue est en raison inverse de l'angle

que leur direction fait avec celle de la résultante (1); de sorte que toutes les fois que l'angle PAR sera plus petit que l'angle BAR, la composante AP sera plus grande que la composante suivant la branche; et ces deux forces ne seront égales, que lorsque les deux angles seront égaux ; c'est-à-dire, lorsque l'angle formé par la direction de la rêne et de la branche gauche du mors sera de 45 degrés. Or, *dans les circonstances ordinaires,* lorsqu'on porte la main en avant et à droite, pour obtenir le tourner de ce côté, l'angle de la rêne tendue et de la branche est toujours plus grand que 45°, il est généralement compris entre 50° et 60°.

Je suis donc amené à conclure que, dans l'exécution de ce mouvement, la pression du canon gauche, sur la barre gauche, est plus forte que celle du canon droit sur la barre droite.

Et pour poser un principe général, applicable à tous les mouvements qu'on peut demander au cheval par les différentes actions de la main, je dirai :

*Toutes les fois que l'angle formé par la branche et la*

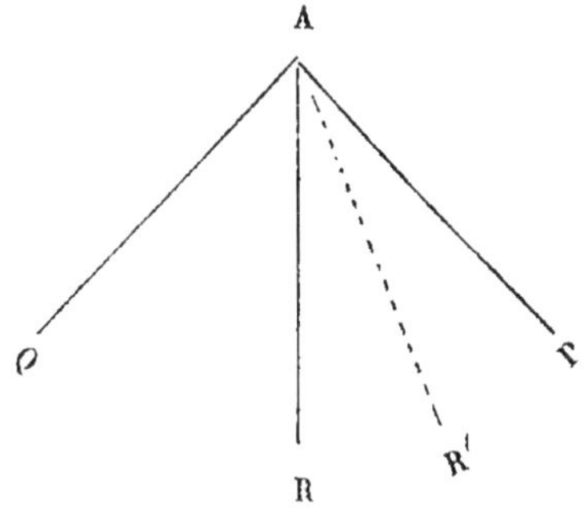


(1) Pour le démontrer, considérons un point sollicité par deux forces égales et perpendiculaires l'une à l'autre. Il n'y a pas de raison pour que le point obéisse à l'une de ces deux forces plus qu'à l'autre; et comme il ne peut s'échapper que dans l'angle PAQ, formé par les directions des forces, il se mouvra en suivant la bisectrice AR de cet angle. Maintenant, supposons que l'une des forces, P par exemple, soit plus grande que l'autre, le point sollicité devra évidemment obéir à la plus grande force; par conséquent la direction AR' qu'il prendra se rapprochera davantage de la direction de la plus grande force.

*direction de la rêne tendue est plus grand que 45°, la pres-*
*sion sur la barre du côté de la rêne tendue est plus grande*
*que la pression sur la barre opposée.*

*Dans le cas contraire, alors que cet angle est plus petit que*
*45°, c'est la pression sur la barre du côté opposé à la rêne*
*tendue qui l'emportera.*

Dans tout ce qui précède, je n'ai pas parlé de la gourmette; voyons quel sera son effet.

Tant qu'elle ne sera pas tendue, les choses se passeront
exactement ou à très-peu de chose près comme je viens de
le dire : la composante suivant la branche gauche du mors,
tout en étant plus petite que l'autre, aura pourtant une
certaine valeur, et pourra produire un mouvement de
bascule; mais à partir du moment où la gourmette est
tendue, il s'établit des points fixes à la partie supérieure
des branches du mors, auxquelles elle s'attache.

La composante suivant la branche gauche passera alors
par un point fixe et sera annulée; donc, à partir de l'instant où la gourmette se tend, l'autre composante, qui
produit la pression sur la barre gauche, agit seule, sans voir
son action contrariée.

On peut donc dire que la gourmette, qui sert à fixer
l'action du mors, vient établir d'une manière plus certaine
la prédominance de la pression gauche.

## 120. Effets isolés des rênes de bride.

*Étant démontré que la pression la plus intense de l'un*
*des canons sur les barres, est toujours du côté de la rêne*
*tendue, l'instructeur fera faire l'application des effets isolés*
*de chaque rêne.*

Les rênes étant ajustées et tenues par la main gauche,
comme il est prescrit n° 115, si le cavalier saisissant la
rêne droite avec le pouce et les deux premiers doigts de la
main droite, l'attire légèrement à lui d'avant en arrière

sans l'ouvrir ni l'appuyer contre l'encolure, la pression du canon droit sur la barre droite devenant plus marquée que celle du canon gauche sur la barre gauche provoquera le cheval à fléchir la tête à droite sur l'encolure.

Si, dans les mêmes conditions, le cavalier continue la tension de la rêne, il obtiendra le pli de l'encolure, d'autant plus marqué, que l'effet de la rêne sera plus intense.

Si, en exerçant une traction sur la rêne droite, le cavalier ouvre cette rêne, il déterminera, en même temps qu'un appui plus marqué du canon droit sur la barre droite, le glissement des canons de gauche à droite, l'appui de la branche gauche du mors contre les lèvres, le pli de l'encolure à droite et le déplacement de l'avant-main dans cette direction.

Si, tirant la rêne droite, le cavalier porte la main à gauche, l'appui de la rêne contre l'encolure déterminera le cheval à tourner dans cette direction, bien que la pression du canon droit sur la barre droite soit plus marquée que celle du canon gauche sur la barre gauche (1).

---

(1) Pour ne pas laisser de doute dans l'esprit des éléves, qui ne se rendraient pas compte du tournant à gauche par l'appui de la rêne droite contre l'encolure, il faut leur expliquer que, dans ce cas, le cheval obéit à la pression de la rêne, et non au contact plus marqué du canon droit sur la barre droite, comme cela a été écrit.

Et, en effet, comment se rendre compte que, dans le cas de l'ouverture de la rêne droite, la pression plus intense du canon droit sur la barre droite peut déterminer le cheval à tourner à droite, et que, dans celui de l'appui de cette même rêne contre l'encolure, la pression du même canon sur la même barre puisse obtenir un effet opposé ?

Pour prouver que le cheval, dans le cas du tournant à gauche par l'appui de la rêne droite, obéit plutôt au contact de cette rêne contre l'encolure, qu'à la pression plus intense du canon droit sur la barre droite, il suffit de monter un cheval dressé, avec son licol et sa longe, et on le verra tourner à gauche, sans hésitation, à la pression seule de la longe contre l'encolure à droite.

Si, au contraire, on bride un cheval non dressé, on le verra tourner

## 121. Des mouvements principaux de la main de la bride.

En élevant un peu la main, on grandit l'avant-main du cheval.

En baissant un peu la main, on donne à son cheval la liberté de se porter en avant.

En portant la main en avant et à droite, on détermine son cheval à tourner à droite.

En portant la main en avant et à gauche, on détermine son cheval à tourner à gauche.

En élevant la main et la rapprochant du corps, on ralentit l'allure du cheval ; en augmentant son effet on l'arrête, et en l'augmentant encore, on le fait reculer.

Dès que le cheval obéit, le cavalier reprend la position de la main de la bride.

Comme ils ont toujours une action rétroactive, tous les mouvements de la main doivent être d'accord avec ceux des

à droite lorsqu'on portera la main à gauche, parce qu'il n'a pas été instruit à obéir à l'appui de la rène et que la pression du canon droit sur la barre droite, acquérant sa juste valeur, fléchit l'encolure du cheval dans cette direction ; or, le mouvement en avant étant produit, le cheval entrera sans hésitation dans la direction qui lui est indiquée par le pli de l'encolure.

C'est à l'aide de l'appui d'une rène, combiné avec l'ouverture de l'autre et la pression de la jambe du côté de la rène appuyée, que l'on combat la tendance qu'ont certains jeunes chevaux à se dérober.

Trois actions concourent à ce résultat.

En effet, supposons qu'un objet placé à la droite d'un cheval, l'effraie et le provoque à fuir à gauche :

Pour l'en empêcher, il faut : 1° ouvrir la rène droite, qui, comme on l'a démontré, attire l'avant-main à droite ; 2° fermer la jambe gauche pour empêcher les hanches de fuir à gauche, et 3° tirer sur la rène gauche en l'appuyant fortement contre l'encolure, ce qui, tout en aidant la jambe gauche, concourt à combattre aussi la tendance de l'avant-main à s'échapper à gauche.

jambes et précédés de leur emploi , pour en régler les effets.

Dans tous les mouvements de la main , le bras doit agir librement, sans que l'épaule se roidisse et sans communiquer de force au corps;  l'effet du mors étant plus fort que celui du bridon, c'est une raison de plus d'agir avec progression, surtout pour arrêter et reculer.

*L'instructeur fait exécuter, par les commandements prescrits à la 1re leçon, les mouvements ci-après détaillés.*

## 122. Rassembler son cheval.

*Le cheval, à l'écurie, monté, de pied ferme ou en marche, par habitude ou par défaut de conformation, a souvent l'arrière-main éloignée du centre de gravité et l'encolure tendue. Dans de telles conditions, les forces étant éparses , le cheval est disgracieux et difficile à manier.*

*Or, le cheval de guerre doit réunir à ses autres qualités, la soumission et la souplesse, pour assurer le succès de son cavalier dans le combat individuel.*

*Le rassemblé consiste à réunir les forces du cheval autour du centre de gravité, de telle sorte que l'équilibre puisse être rompu instantanément, dans tel ou tel sens, et rétabli sans retard par les actions combinées des aides.*

*C'est par l'opposition exactement égale des aides qui provoquent au mouvement et de celles qui l'annihilent , que l'on rassemble son cheval.*

*Pour rassembler son cheval,* il faut agir simultanément et progressivement des jambes et de la main. Par l'action des jambes , on provoque les membres postérieurs du cheval à s'engager sous la masse, ce qui diminue la base de sustentation et favorise la rupture de l'équilibre; par l'action de la main , on détermine la tête du cheval à se rapprocher de l'encolure, qui en s'élevant se raccourcit et se roue.

*L'instructeur fait exécuter le rassemblé individuellement.*

*Il veille à ce que les cavaliers n'emploient que juste la force nécessaire pour rassembler leurs chevaux, sans les déplacer.*

*Le rassemblé s'exécute à toutes les allures. Sans lui, le cavalier ne serait pas maître de son cheval.*

*Par un effet de rassemblé, on décharge à son gré l'avant ou l'arrière-main, suivant que l'on emploie plus de jambes ou plus de main, et on ramène en partie ou en totalité les forces, déplacées en avant, vers le centre de gravité, d'où résultent : le ralentissement de l'allure, le changement d'allure et l'arrêt.*

*Par un même effet, on fait cesser la rupture de l'équilibre dans tel sens, en ramenant au centre les forces qui en avaient été déplacées et qui avaient engendré le mouvement, pour les déplacer ensuite dans tel autre, et produire un autre mouvement : delà les changements de direction faciles et réguliers, et exécutés avec autant de grâce que de souplesse.*

*On voit donc, d'après ce qui vient d'être dit, que tout mouvement doit être précédé et suivi d'un effet de rassemblé.*

*C'est en procédant ainsi, que l'on conserve toujours son cheval souple, liant, gracieux et obéissant aux moindres actions, tout en le préservant d'une ruine prématurée, résultat obligé du manque d'accord des aides.*

## 123. Marcher.

Au commandement : *Préparez-vous à marcher,*
Rassembler son cheval.
Au commandement : *Marchez,*
Baisser un peu la main, le poignet vis-à-vis le milieu du corps, et fermer les jambes progressivement. Dès que le cheval obéit, replacer la main et les jambes par degrés.

## 124. Arrêter.

*Pendant que les cavaliers sont en marche, l'instructeur donne l'explication pour arrêter.*
Au commandement : *Préparez-vous à arrêter,*
Rassembler son cheval sans ralentir son allure.

Au commandement : *Arrêtez ,*

S'asseoir en se grandissant du haut du corps, élever en même temps la main par degrés en la rapprochant du corps et tenir les jambes près, pour empêcher le cheval de reculer ou de se traverser. Dès que le cheval obéit, replacer la main et les jambes par degrés

*On ne saurait trop s'attacher à apprendre aux cavaliers à coordonner entre eux les effets de la main et ceux des jambes, pour arrêter aux différentes allures.*

*Si on se rend bien compte des effets de la main, on sait que, dans l'arrêt, ses actions ont pour but de ramener au centre de gravité les forces qui en avaient été déplacées pour produire l'allure; mais si ces forces ne sont pas arrêtées dans leur marche rétrograde au point indiqué, elles arrivent jusqu'aux parties postérieures dont elles fatiguent bientôt tous les ressorts. Aussi voit-on, par suite de l'emploi d'un tel moyen, les chevaux le mieux conformés, tarés de bonne heure, et se défendre, au moment de l'arrêt, en arc-boutant en arrière leurs membres postérieurs, et en tendant leur encolure pour résister aux effets de la main, afin de soulager ainsi leurs reins et leurs jarrets.*

*Si, d'une autre part, on se rappelle que les jambes ont pour effet de déplacer les forces en avant du centre de gravité, on arrivera bientôt à comprendre que c'est par une opposition exacte, au centre de gravité, des forces déplacées d'avant en arrière par la main, et de celles déplacées d'arrière en avant par les jambes, que l'arrêt sera moëlleux et jamais préjudiciable aux parties postérieures.*

## 125. A droite.

Au commandement : *Préparez-vous à doubler à droite,*
Rassembler son cheval.

Au commandement : *Doublez ,*

Fermer les jambes également, pour déterminer le cheval en avant, et porter en même temps la main plus ou moins à droite, suivant le degré d'obéissance du cheval ; la jambe droite conservant sa place et diminuant un peu sa pression primitive, pour servir de pivot, pendant que la jambe gauche, en se glissant un peu en arrière et augmentant un peu sa pression, oblige les hanches à passer par les mêmes points que les épaules.

Le mouvement étant près de finir, replacer progressivement la main et les jambes et arrêter.

## 126. A gauche.

L'à-gauche s'exécute suivant les mêmes principes que l'à-droite et par les moyens inverses.

## 127. Demi-tour à droite, demi-tour à gauche.

Le demi-tour à droite ou le demi-tour à gauche s'exécute suivant les mêmes principes que l'à-droite ou l'à-gauche, en observant de parcourir un demi-cercle de 6 mètres.

## 128. Quart d'à-droite, quart d'à-gauche.

Le quart d'à-droite ou le quart d'à-gauche s'exécute suivant les mêmes principes que l'à-droite ou l'à-gauche, en observant que le mouvement de la main doit être assez modéré pour que le cheval ne fasse pas plus d'un quart d'à-droite ou d'à-gauche (75 centimètres).

## 129. Reculer.

*Les moyens à employer pour faire reculer le cheval ont été diversement compris. Les uns prétendent que la main doit agir avant les jambes, d'autres prescrivent la main seule, et il en est enfin qui, plus judicieusement, enseignent l'emploi des jambes avant la main.*

*Si nous examinons les résultats de ces différents moyens, dans l'hypothèse d'un cheval parfaitement équilibré et dont chaque membre porte un poids égal de la masse, nous ver-*

*rons que, si le cavalier, pour faire reculer son cheval, se sert de la main avant les jambes, le premier effet aura pour résultat de faire refluer une partie du poids de l'avant sur l'arrière-main: et de là, l'hésitation, l'impossibilité même de reculer, attendu que, chargés outre mesure, les membres postérieurs éprouvent de la difficulté à se lever pour exécuter le lever, l'extension en arrière, le soutien, le poser et l'appui, phases régulières de tout mouvement normal. Il faudra alors un grand emploi de jambes, comme correctif de la faute commise.*

*Si le cavalier se sert de la main seule, l'inconvénient qui vient d'être signalé sera bien plus sensible, et si le cheval recule, il ne le fera que par secousses, en se traversant et en frottant ses pieds postérieurs sur le sol : ce qui constitue l'acculement, cause certaine de ruine pour les parties postérieures.*

*Si, au contraire, le cheval étant rassemblé, le cavalier augmente la pression des jambes, il détermine vers les épaules la translation d'une partie du poids réparti sur les hanches, les allége et donne alors aux membres postérieurs la possibilité de quitter le sol, de se tendre en arrière, de se soutenir, de poser et d'appuyer : ce qui constitue le véritable reculer (1).*

150. Au commandement : *Préparez-vous à reculer,*

Rassembler son cheval.

Au commandement : *Reculez,*

Assurer le haut du corps, fixer la main et augmenter progressivement la pression des jambes ; le mouvement en avant étant près d'être produit, élever par degrés la main, pour provoquer le mouvement rétrograde et diminuer alors

(1) Ce principe est analogue aux prescriptions de l'Ordonnance, qui, pour porter le cavalier à pied en avant, lui prescrit de porter le poids du corps sur la jambe droite.

la pression des jambes, tout en les tenant près, pour contenir le cheval droit.

**131. Au commandement :** *Arrétez,*

Diminuer insensiblement l'effet de la main, sans cesser de sentir la bouche du cheval et augmenter progressivement la pression des jambes, jusqu'à ce qu'une opposition égale des aides amène l'arrêt.

*L'instructeur donne de suite le détail pour reculer et cesser de reculer, ne devant exiger dans le principe que deux ou trois pas.*

*L'instructeur fait exécuter ces mouvements individuellement; il s'attache à la manière dont chaque cavalier se sert de ses aides; il rectifie toujours la position de la main de la bride, avant de passer d'un mouvement à un autre.*

## 132. Du placé.

*L'instructeur met les cavaliers en marche, il leur explique ce qu'on entend par placer un cheval, et vérifie l'application des principes, en suivant les cavaliers sur le côté de la piste.*

On dit qu'un cheval est placé, lorsque ses épaules et ses hanches sont sur la même ligne, que sa tête est comprise entre la verticalité et la diagonale du rectangle dans lequel elle serait inscrite et que, de même que l'encolure, elle est fléchie en dedans du manége, de manière que le bout du nez se trouve dans la direction de la pointe de l'épaule.

Pour placer son cheval, le cavalier, ayant la main de la bride au-dessus du pommeau de la selle, saisit avec la main du dedans la rêne du filet du même côté, et, par une traction moëlleuse, il attire la tête et l'encolure légèrement à droite (ou à gauche), selon la main à laquelle il marche.

*Les instructeurs ne sauraient trop s'attacher à faire comprendre aux élèves l'importance du placé, car par lui le cheval acquiert plus de grâce et de facilité à exécuter les mouvements de la main à laquelle il marche.*

*La tête et l'encolure sont le gouvernail de la machine in-telligente, et, par la bonne disposition de ces parties, le cava-lier amoindrit considérablement les difficultés.*

*Le placé, en un mot, est pour le cheval équilibré la cause efficiente de toute bonne exécution.*

## 133. Passage du coin.

En approchant du coin, il faut assurer le haut du corps et grandir son cheval sans ralentir ni allonger son allure.

Au moment de passer le coin, le cavalier se conforme à ce qui est prescrit pour exécuter un doublé à-droite ou un doublé à-gauche. Si le cheval cherche à tourner trop tôt, il faut soutenir la main de la bride plus ou moins en dehors et augmenter la pression de la jambe du dedans, pour l'obliger à entrer dans l'angle, et si ces moyens sont insuffisants, on doit en tirant diagonalement d'avant en arrière et de dedans en dehors sur la rêne du filet, qui sert à placer, l'appuyer contre le garrot. Cette action a le double avantage de maintenir le cheval placé et d'obliger les hanches à passer par les mêmes points que les épaules.

En sortant du coin, le cavalier replace la main de la bride et diminue la pression de la jambe droite, en augmentant d'une quantité égale celle de la jambe gauche, pour recevoir les hanches et porter le cheval droit devant lui.

## 134. Travail de la 2ᵉ leçon avec la bride.

*Lorsque les cavaliers commencent à comprendre les mouve-ments de la main de la bride, l'instructeur les fait marcher sur la piste, d'abord au pas et ensuite au trot; il fait fré-quemment arrêter, repartir, changer de direction et exécuter successivement les divers mouvements de la 2ᵉ leçon, veillant à ce que les cavaliers fassent une application exacte des principes qui leur ont été donnés de pied ferme.*

*Le défaut habituel des cavaliers étant de porter la main gauche en avant et de refuser l'épaule droite, l'instructeur a.*

*l'attention de leur faire conserver la main au-dessus du pommeau de la selle, sans déranger la position du corps.*

## 135. Prendre le filet de la main gauche.

Au commandement : *Prenez le filet de la main gauche,*

Passer les deux premiers doigts de la main gauche, les ongles en dessous, dans le filet, et le ramener à soi de manière que les rênes de la bride ne fassent plus d'effet sur le mors.

*Cette manière de faire prendre le filet a pour but d'apprendre aux cavaliers à rafraîchir les barres de leurs chevaux, pendant les manœuvres longues et aux allures vives, sans le secours de la main droite, souvent armée.*

## 136. Lâcher le filet.

Au commandement : *Lâchez le filet,*

Lâcher le filet sans baisser le corps, et reprendre la position de la main de la bride, en ajustant les rênes.

*L'instructeur ne fait prendre le filet de la main gauche, que lorsque les cavaliers ont acquis l'habitude de conduire leurs chevaux avec la bride.*

## 137. Appuyer à droite ou à gauche.

*L'instructeur fait appuyer à droite ou à gauche, la tête au mur et en colonne, se conformant aux principes prescrits à la 2ᵉ leçon, nᵒˢ 79 et 82.*

Pour appuyer à droite, déterminer les épaules de son cheval à droite, en portant la main en avant et à droite, fermer la jambe gauche pour faire suivre les hanches, la jambe droite près, pour soutenir le cheval.

Pour cesser d'appuyer, redresser son cheval, la jambe droite près, et replacer la main et les jambes par degrés.

*Pour appuyer à gauche et cesser d'appuyer, mêmes principes et moyens inverses.*

**138.** *Si l'instructeur veut faire appuyer, la tête au mur, les cavaliers marchant en colonne sur la piste, il fait arrêter lorsque le dernier est arrivé sur l'un des grands côtés.*

Au commandement : *Préparez-vous à appuyer, la tête au mur,*

Rassembler son cheval et glisser un peu la jambe gauche en arrière, pour amener les hanches en dedans du manége, de manière à placer le cheval dans la direction d'un quart d'à-gauche.

Au commandement : *Appuyez à droite,*

Les cavaliers se conforment à ce qui est prescrit pour appuyer à droite, la tête au mur, après le doublé individuel.

Au commandement : *Redressez,*

Elever un peu la main en la soutenant à gauche, pour arrêter la marche de l'avant-main du cheval à droite ; relâcher la jambe gauche et fermer la jambe droite, pour ramener les hanches à la piste. Le cheval ayant obéi, replacer la main et les jambes par degrés.

*Dans tous ces mouvements, l'instructeur exige que les cavaliers maintiennent leurs chevaux placés du côté vers lequel on appuie.*

*Si, pour appuyer à droite, il arrive qu'un cheval résiste à la jambe gauche, le cavalier, sacrifiant alors le placé à l'obéissance, saisit la rêne gauche du filet (qui dans ce cas se nomme rêne d'opposition) avec la main droite par-dessus l'encolure, tire sur cette rêne diagonalement de gauche en arrière à droite, vient ainsi en aide à la jambe gauche qui était impuissante, et oblige le cheval à l'obéissance.*

## DEUXIÈME PARTIE

### 139. Principes du galop.

*Les cavaliers marchant au pas sur la piste, l'instructeur leur explique le mécanisme du galop ainsi que les moyens d'en assurer la justesse.*

Un cheval galope sur le pied droit, lorsque la jambe droite de devant dépasse la jambe gauche de devant et que la jambe droite de derrière dépasse aussi la jambe gauche de derrière. Le mécanisme de cette allure s'opère généralement en trois temps ou foulées. Le 1ᵉʳ temps est marqué par la jambe gauche de derrière, qui s'engage sous la masse pour lui donner un appui favorable à l'enlevé des parties antérieures; le 2ᵉ par le bipède diagonal gauche, qui pose à terre après que la masse lancée par le jarret gauche a progressé et retombe sur le sol; et le 3ᵉ par la jambe droite de devant.

Un cheval galope sur le pied gauche, lorsque la révolution des extrémités sous la masse est telle, que la jambe droite de derrière pose la première à terre, ensuite le bipède diagonal droit et enfin la jambe gauche de devant.

Il est des chevaux qui galopent en quatre temps; dans ce cas, pour le galop à droite, la jambe gauche de derrière pose la première à terre, la jambe droite de derrière la deuxième, puis la jambe gauche de devant et enfin la jambe droite de devant. Cette allure est généralement le partage des vieux chevaux de manége, ou de ceux dont les hanches sont trop chargées par suite de la roideur de toute la colonne vertébrale.

Un cheval galope juste, lorsqu'il galope sur le pied droit

en travaillant ou tournant à main droite, ou sur le pied gauche en travaillant ou tournant à main gauche.

Un cheval galope faux, lorsqu'il galope sur le pied gauche en travaillant ou tournant à main droite, et sur le pied droit en travaillant ou tournant à main gauche.

Un cheval est désuni, lorsqu'il galope à droite des pieds de devant et à gauche des pieds de derrière, ou lorsqu'il galope à gauche des pieds de devant et à droite des pieds de derrière.

On dit qu'un cheval est désuni du devant, lorsqu'en travaillant ou tournant à main droite, il galope à gauche du devant et à droite du derrière. On le dit désuni du derrière, lorsqu'il galope à droite du devant et à gauche du derrière.

Quand un cheval galope sur le pied droit, en même temps que le cavalier éprouve dans sa position un mouvement sensible de droite à gauche, il sent un appui plus prononcé de la fesse gauche sur la selle, et sa jambe droite a une tendance à s'éloigner du corps du cheval.

Quand un cheval galope sur le pied gauche, en même temps que le cavalier éprouve dans sa position un mouvement sensible de gauche à droite, il sent un appui plus marqué de la fesse droite sur la selle, et la jambe gauche a une tendance à s'éloigner du corps du cheval.

Quand un cheval est désuni, le cavalier éprouve dans sa position des mouvements irréguliers, le cheval est hors de son aplomb et perd de sa force (1).

140. Travail au galop sur des lignes droites.

*L'instructeur veillera à ce que les chevaux soient bien placés au commandement préparatoire, pour que le ga-*

____

(1) La révolution des extrémités sous la masse, au galop, étant parfaitement définie, il est utile de faire connaître par quels moyens on peut assurer le départ sur tel ou tel pied.

Le galop peut être produit de deux manières : ou par l'accélération du

*lop soit assuré sur le pied voulu, au commandement d'exé-
cution.*

trot, de telle sorte, que le centre de gravité, déplacé en avant du point
auquel le cheval peut encore se maintenir au trot, l'entraîne au galop,
pour éviter sa chûte ; ou par la disposition harmonieuse des différentes
parties de son corps, et de l'action nécessaire, communiquée au cheval
par le cavalier.

Dans le premier cas, pour obtenir le galop à droite, il faut que le
cavalier, après avoir poussé le cheval au trot jusqu'à son maximum de
vitesse, sente alors le posé du membre gauche de derrière sous la masse,
afin d'en provoquer la détente énergique et de produire ainsi le galop à
droite.

Jusqu'à ce jour, on s'est occupé presque exclusivement de la disposition des épaules, pour assurer le départ au galop sur tel ou tel pied,
tandis que la solution de la difficulté réside positivement dans les hanches.

En effet, comment est produit le premier mouvement de galop ? Par
l'engagement de l'un des membres postérieurs sous la masse, suivi de
l'enlevé de l'avant sur l'arriére-main, qui projette la masse en avant et
la fait progresser jusqu'à sa chute sur le sol. Or, nous savons que, dans
le galop, lorsque la masse est lancée en avant par la jambe gauche de
derrière, elle est reçue à terre par le bipéde diagonal gauche et enfin par
la jambe droite de devant, ce qui constitue le galop de droite ; et qu'au
contraire c'est le galop à gauche, quand le jarret droit chasse la masse.
L'ordre du posé des extrémités sur le sol leur est donc assigné par la
nature, de telle sorte qu'il dépend de la détente de tel ou tel jarret,
qui, chargé du poids de la masse, la fait progresser.

Donc, au lieu de suivre les anciens errements, je suis amené à prescrire des moyens sanctionnés par de nombreuses expériences, et *toujours* couronnées du succés. Ils consistent à disposer le poids de la
masse sur le jarret gauche, pour le galop à droite, et sur le jarret droit,
pour le galop à gauche, sans se préoccuper des épaules, puisque l'ordre
de leur posé sera subordonné au membre postérieur qui aura chassé
la masse.

Tout d'abord, je vais sembler m'éloigner des préceptes de l'Ordonnance, mais quand j'aurai développé mes principes, on verra que je
rentre à très-peu de chose près dans ses prescriptions.

N'oubliant pas le but que je me propose de charger le jarret gauche.

Au commandement : *Préparez-vous à partir au galop*,
Rassembler et placer son cheval.

pour obtenir le galop à droite, contrairement à l'Ordonnance qui veut
la tête et l'encolure fléchies à gauche, je prescris de les attirer à droite,
de manière que le bout du nez soit dans la direction de la pointe de
l'épaule droite, par une traction en diagonal, de droite en arrière à
gauche, sur la rêne droite du filet, et de résister alors de la rêne gauche,
pour empêcher une trop grande flexion.

Le but de cette flexion à droite est de former de l'encolure un arc de
cercle dont la rêne est la corde et dont l'effet rétroactif est de faire
refluer le poids dans le sens de la traction, c'est-à-dire sur le jarret
gauche. Le cavalier doit en même temps soutenir les hanches avec la
jambe gauche.

Si, au moment où agit la rêne droite, le cavalier ne soutenait pas les
hanches avec la jambe gauche, obéissant au flux du poids dans cette direction, elles tomberaient à gauche et le but serait manqué.

En soutenant le haut du corps en arrière et un peu à gauche, et en
agissant dans le même sens avec la main de la bride, on contribue encore à charger le jarret gauche.

C'est alors que le cavalier, en fermant les jambes, tout en conservant
en plus à la jambe gauche la pression qui lui était nécessaire pour contenir les hanches, communique au cheval un surcroît d'action, dont la
main s'empare au profit de l'enlevé des parties antérieures sur le jarret
déjà chargé ; et qu'en continuant l'effet des jambes et rendant de la
main, le jarret gauche, sur lequel repose tout le poids, se détend, projette la masse, qui, après avoir progressé, est reçue à sa chute sur le
sol par le bipède diagonal gauche et enfin par la jambe droite de devant, ce qui constitue bien le galop à droite.

Voyons maintenant ce qui se passe, lorsque l'on provoque le cheval au galop, en se servant de la seule main gauche.

La main du cavalier, placée en arrière de la bouche du cheval,
a toujours un effet rétroactif, tant minime soit-il, que cette main
se porte en avant et à gauche, ou en arrière et à gauche.

Dans l'un et l'autre cas, la rêne droite devient plus tendue et la
rêne gauche fait guirlande. Or, il a été démontré que le plus grand
effet produit par les canons sur les barres se manifestait toujours
du côté de la rêne tendue, et qu'en tirant diagonalement d'avant en
arrière sur la rêne droite, on faisait refluer le poids de l'avant sur

Au commandement : *Partez au galop*,

Assurer le haut du corps en arrière à gauche. marquer un temps d'arrêt d'avant en arrière et un peu à gauche pour charger le jarret gauche, et fermer les jambes der·rière les sangles, pour en provoquer la détente et chasser le cheval en avant, lui faisant sentir un peu plus l'effet de la jambe gauche. Le cheval ayant obéi, avoir la main légère et les jambes près pour l'entretenir dans son al··lure.

Pour maintenir le cheval juste, il faut se lier à tous

l'arrière-main et dans le sens de la traction, ce qui provoquait le dé-placement des hanches à gauche, déplacement auquel s'oppose la jambe gauche du cavalier qui, en se fermant, fixe les forces sur le membre postérieur gauche.

On voit donc que, dans le cas où la main de bride agit seule, c'est encore la rêne du côté du pied sur lequel on veut faire partir le cheval, qui a la plus grande action, et qui contribue aussi à faire refluer le poids dans le sens de sa traction, c'est-à-dire de droite en arrière à gauche. Le but de charger la hanche gauche est encore rempli.

L'Ordonnance, dans ses très-judicieuses explications sur le mé-canisme du galop, admet parfaitement que, pour le galop à droite, c'est le jarret gauche qui chasse la masse. Pourquoi donc s'occuper des membres antérieurs, dont l'ordre du posé est le résultat du méca-nisme inhérent à la structure du cheval, puisque l'on est sûr que quand le jarret gauche aura chassé la masse, la jambe droite de devant, posant la dernière à terre, dépassera tout naturellement la jambe gauche de devant ?

Le rédacteur du n° 378 de l'Ordonnance a pris l'effet pour la cause.

La cause du galop à droite, c'est la détente du jarret gauche, alors que tout le poids de l'avant-main ayant été provoqué à s'enlever sur lui, les jambes du cavalier l'auront déterminé à la projeter.

L'effet, c'est le posé du diagonal gauche et enfin de la jambe droite de devant.

On voit donc que la seule différence des moyens que j'indique, d'avec ceux de l'Ordonnance, n'existe que dans le soutien de la main *un peu en arrière et à gauche* au lieu *d'en avant et à gauche*, tout en ramenant la question à sa véritable place.

ses mouvements, surtout au passage des coins, où le moindre dérangement dans l'assiette du cavalier peut contrarier l'action du cheval.

*Lorsque l'instructeur aura expliqué les moyens pour assurer le départ au galop sur tel ou tel pied, et que les cavaliers commenceront à les bien employer, il les questionnera, pour s'assurer qu'ils se rendent bien compte de leurs actions.*

141. *L'instructeur recommande aux cavaliers d'avoir du calme, de conduire leurs chevaux avec douceur, et surtout d'avoir la main légère, pour que le galop soit franc, jamais raccourci, et pour éviter de mettre les chevaux sur les jarrets.*

*Dans les premiers jours du travail au galop, il fait prendre aux cavaliers le filet avec la main droite pour calmer leurs chevaux et s'aider de cette main, jusqu'à ce qu'ils aient pris l'habitude de les conduire à cette allure avec la bride seulement.*

*Lorsqu'un cheval galope faux ou qu'il est désuni, l'instructeur fait passer le cavalier au trot à la queue de la colonne, mais de manière à ne pas déranger ceux qui suivent. Lorsqu'il y est arrivé, il lui explique de nouveau les moyens d'assurer le départ juste, ainsi que ceux d'empêcher le cheval de se désunir, et il le fait repartir au galop.*

*L'instructeur ne laisse les cavaliers au galop qu'un tour ou deux à chaque main, et il fait toujours passer au trot pour changer de main.*

## 142. Travail au galop en cercle.

*Lorsque les cavaliers commencent à comprendre les moyens d'assurer le départ au galop sur l'un et l'autre pied, l'instructeur leur en fait répéter l'application sur de très-grands cercles dont on diminue le diamètre à mesure que les cavaliers en prennent l'habitude.*

# VOLTIGE

—

## TROISIÈME LEÇON

| 1<sup>re</sup> PARTIE. | 2<sup>e</sup> PARTIE. |
|---|---|

1<sup>re</sup> PARTIE.

—

*Voltige de pied ferme.*

Sauter en croupe.
Sauter à terre.

2<sup>e</sup> PARTIE.

—

*Voltige au galop.*

Sauter en croupe.
Répétition des leçons qui précèdent.

## PREMIÈRE PARTIE

### VOLTIGE DE PIED FERME.

*Les cavaliers, à la guerre, pouvant être démontés et mis dans la nécessité de fuir en cas de défaite, l'instructeur apprend aux élèves à sauter en croupe.*

*A cet effet, il les exerce de pied ferme, puis marchant au galop. Il désignera à tour de rôle un cavalier qui devra sauter à cheval et y rester.*

## 143. Sauter en croupe.

Le cheval de voltige étant de pied ferme, tenu au caveçon et un cavalier en selle, tenant les rênes de bride dans la main gauche, comme il est prescrit n° 111, l'élève désigné pour sauter en croupe, se dirgera vers le cheval, et, saisissant le bras gauche du cavalier en selle avec la main gauche, et la croupière avec la main droite, il formera une battue des deux pieds et sautera en croupe.

## 144. Sauter à terre.
## (2 manières.)

*(Première manière)*. Au commandement : *Préparez-vous à sauter à terre*,

Placer les mains, comme pour sauter en croupe.

Au commandement : *Sautez à terre*,

Arriver à terre en pliant les jarrets, abandonner le bras du cavalier et la croupière.

*Si l'instructeur veut que le cavalier ressaute immédiatement en croupe, il fait les commandements :*

*Préparez-vous à sauter à terre et en croupe ; A terre et en croupe.*

Au commandement : *A terre et en croupe*,

Le cavalier se conforme à ce qui vient d'être prescrit pour sauter à terre, et de la même battue il ressaute en croupe.

*(Deuxième manière)*. Au commandement : *Préparez-vous à sauter à terre*,

Placer les deux mains à plat sur la croupe du cheval en avant de soi.

Au commandement : *Sautez à terre*,

S'enlever sur les poignets, et se repousser en arrière par la détente des bras, pour arriver à terre en pliant les jarrets.

---

### DEUXIÈME PARTIE

### VOLTIGE AU GALOP

*Le cheval marchant au galop et monté, l'instructeur désigne à tour de rôle chaque élève, pour lui faire recommencer en marche ce qu'il a dû exécuter de pied ferme.*

Le cavalier se conforme, pour sauter à terre et en croupe, à ce qui est prescrit à première partie de la leçon.

*Lorsque les cavaliers auront pris l'habitude de ce travail, l'instructeur fera le commandement :*

*Sautez en croupe et à terre à volonté.*

Le cavalier désigné sautera à volonté plusieurs fois de suite en croupe et à terre, en se conformant aux principes prescrits, ayant soin de bien calculer ses mouvements, sur les foulées du cheval, afin d'arriver en mesure à terre et en croupe, pour éviter de se fatiguer inutilement.

# QUATRIÈME LEÇON.

*La 2ᵉ année de l'instruction équestre doit être consacrée à perfectionner les cavaliers dans la manière de conduire leurs chevaux.*

*Les élèves ayant acquis dans les leçons qui précèdent une bonne position, beaucoup de souplesse et une connaissance pleine et entière du travail simple, l'instructeur les initiera progressivement aux secrets de l'art équestre, de manière à amener la majorité à exécuter avec précision les mouvements les plus difficiles du manége, comme aussi le travail le plus hardi sur les chevaux de carrière.*

*L'utilité du travail composé du manége a été contestée, et cependant est-il contestable, que lorsqu'un cavalier manie sa monture en tous sens avec grâce, aisance, souplesse et hardiesse, il soit plus apte au combat individuel, que celui à qui on s'est contenté de donner une position régulière,* sans lui apprendre à exécuter à toutes les allures ces figures de manège qui ont le double but d'exciter l'émulation en même temps que d'exiger l'application des différentes combinaisons des aides que ce travail nécessite?

De même que par l'étude le pianiste parvient à promener ses doigts délicatement, avec précision et sans les chercher, sur les touches qui rendent les notes, de même, à un instant donné et imprévu, les aides du cavalier instruit agissent en se combinant entre elles, pour satisfaire à ses intentions, sans que son esprit soit détourné de l'objet qui le préoccupe.

L'instruction de haute école, bien dirigée, marchant de pair avec le travail extérieur, est le plus sûr garant pour former des cavaliers sages sans timidité, et intrépides sans témérité, par la connaissance positive qu'ils acquièrent des services dont le cheval est susceptible.

La fréquence des changements d'allure étant l'un des principaux auxiliaires pour former les cavaliers, l'instructeur devra faire exécuter chaque mouvement au pas, au trot et au galop, avant de passer à un autre. Cette division du travail offre en outre l'avantage de conserver les chevaux frais.

L'instructeur veillera à ce que la position des cavaliers devienne de plus en plus régulière, et à ce qu'ils maintiennent constamment leurs chevaux dans la main et bien placés.

A la fin de chaque partie de la leçon, l'instructeur en fera répéter tous les mouvements et aux trois allures, les cavaliers conduisant leurs chevaux avec la main gauche seule, afin de la rendre aussi savante que possible : la main droite étant plus particulièrement destinée au maniement des armes.

Tous les mouvements de cette leçon sont détaillés à main droite, ils s'exécutent à main gauche, suivant les mêmes principes et par les moyens inverses.

———

| 1ʳᵉ PARTIE. | 2ᵉ PARTIE. |
|---|---|

1ʳᵉ PARTIE.

— 

Marcher à main droite.

Doubler individuelle-
ment.

Changement de main
successif en tenant
les hanches.

Changement de pied en
changeant d'allure.

Changement de pied
sans changer d'allure.

Demi-volte successive.

Demi-volte successive et
renversée.

Contre-changement de
main successif.

Travail successif par
reprise composée de
trois cavaliers.

Changement de main
successif dans chaque
reprise de trois.

Marche circulaire dans
chaque reprise de
trois.

Marcher large.

Volte successive dans

2ᵉ PARTIE.

—

Tracer une piste inté-
rieure.

Changement de main
individuel.

Marche circulaire indi-
viduelle.

Volte individuelle.

Demi-volte individuelle.

Demi-volte individuelle,
les cavaliers ayant
doublé individuelle-
ment dans la largeur.

Demi-volte individuelle
et renversée.

Changement de main
successif par reprise
de trois et individuel-
lement dans chaque
reprise.

Doubler individuelle-
ment par trois dans la
longueur.

Changement de main in-
dividuel, les cavaliers
ayant doublé indivi-
duellement par trois
dans la longueur.

chaque reprise de trois.

Demi - volte successive dans chaque reprise de trois.

Demi - volte. successive dans chaque reprise de trois, les conducteurs ayant doublé dans la largeur.

Demi - volte successive et renversée dans chaque reprise de trois.

Contre-changement de main successif dans chaque reprise de trois.

Voltige.

Sauteurs.

Travail dans la carrière.

Ayant doublé par trois dans la longueur, doubler individuellement.

Demi - volte successive dans chaque reprise de trois, les cavaliers ayant doublé individuellement dans la largeur, après le doublé par trois.

Volte individuelle, les cavaliers ayant doublé individuellement par trois dans la longueur.

Demi-volte individuelle les cavaliers ayant doublé individuellement par trois dans la longueur.

Demi-volte individuelle et renversée, les cavaliers ayant doublé individuellement par trois dans la longueur.

Contre-changement de main successif par nos impairs ou pairs.

Contre-changement de

main successif et en sens inverse, par n^os impairs et pairs, les cavaliers ayant doublé successivement dans la longueur.

Demi-volte successive et en sens inverse, par n^os impairs et pairs, les cavaliers ayant doublé successivement dans la longueur.

Demi-volte successive et renversée, en sens inverse, par n^os impairs et pairs, les cavaliers ayant doublé successivement dans la longueur.

Demi-volte individuelle et en sens inverse, par n^os impairs et pairs, les cavaliers ayant doublé successivement dans la longueur.

Demi-volte individuelle et renversée, en sens inverse, par n^os im-

pairs et pairs, les ca
valiers ayant doublé
successivement dans
la longueur.

Appuyer la tête au mur.

Appuyer la croupe au
mur.

Travail à faux.

Demi-tour sur les han-
ches.

Voltige.

Sauteurs.

Sauteurs en liberté.

Travail de carrière, en
selle et bride anglaise.

Carrousel.

## PREMIÈRE PARTIE

### 145. Marcher à main droite.

*Les cavaliers étant à cheval, l'instructeur les met en mouvement au pas, comme il est prescrit à la 1<sup>re</sup> leçon. Il fait faire quelques tours à chaque main, pour permettre aux cavaliers de prendre la position, d'étudier leurs chevaux et de se mettre en rapport avec eux, avant de commencer le travail.*

### 146. Doubler individuellement.

*L'instructeur fait exécuter quelques doublés individuels aux trois allures. Il rappelle aux cavaliers de ne pas dé-*

*crire des arcs de cercle de plus de trois mètres. Il leur prescrit de se régler toujours du côté du nouveau conduc-teur, afin de traverser le manége à la même hauteur et de rentrer tous ensemble sur la piste opposée.*

## 147. Changement de main successif en tenant les hanches.

*Le changement de main, au manége, se prend toujours diagonalement. Si l'instructeur veut le faire exécuter dans la largeur ou dans la longueur, le commandement doit l'in-diquer.*

*Les cavaliers ayant appris à appuyer la tête au mur et en colonne, dans les leçons qui précèdent, l'instructeur fait exécuter les changements de main en tenant les hanches.*

*Il fait son commandement préparatoire assez à temps pour commander :* Changez de main, *lorsque les trois premiers cavaliers de la reprise, après avoir passé le 2° coin, sont arrivés sur la piste des grands côtés.*

Au commandement : *Préparez-vous à changer de main successivement, en tenant les hanches,*

Le conducteur et successivement tous les cavaliers ras-semblent leurs chevaux.

Au commandement : *Changez de main,*

En même temps que le conducteur forme un demi-arrêt pour cesser la direction en avant, il porte immédiatement la main moëlleusement à droite, ayant soin de maintenir son cheval placé, pour déterminer l'avant-main du cheval dans cette direction, et il glisse la jambe gauche un peu en arrière pour faire suivre les hanches, la jambe droite restant près pour régulariser les effets de la gauche.

Le conducteur traverse le manége diagonalement, en maintenant son cheval parallèlement à la piste des grands côtés, et se dirige de manière à y arriver, à 6 mètres avant le coin : distance nécessaire pour changer les rênes

de main, placer le cheval et le disposer à passer régulièrement le coin à la nouvelle main.

Les cavaliers qui suivent exécutent successivement le
même mouvement en arrivant sur le point où le conducteur a commencé, et se dirigent ensuite de manière à
n'apercevoir que le cavalier vers lequel ils appuient.

*L'instructeur veille à ce que les cavaliers passent bien
exactement par les mêmes points que le conducteur et à ce
qu'ils restent bien carrément sur leurs chevaux, sans refuser le côté gauche, leur défaut habituel.*

*Si les hanches du cheval devancent les épaules, il faut
diminuer l'action de la jambe gauche, soutenir de la jambe
droite et augmenter l'effet de la main à droite.*

*Si les hanches ne marchent pas à hauteur des épaules,
il faut soutenir un peu la main de bride à gauche et augmenter l'effet de la jambe du même côté.*

*Si le cheval se porte en avant de la ligne suivie par le
conducteur, il faut augmenter progressivement l'effet de la
main d'avant en arrière, tout en continuant d'indiquer la
direction à droite, et diminuer proportionnellement l'action
des jambes.*

*Si au contraire le cheval reste en arrière de cette ligne,
il faut diminuer l'effet de la main d'avant en arrière, tout
en continuant d'indiquer la direction à droite, et augmenter
également la pression des jambes, la gauche restant plus
en arrière, afin de continuer le mouvement d'appuyer et de
chasser le cheval en avant.*

*L'instructeur n'exigera que progressivement l'exécution
régulière de ce mouvement. Pendant les premiers jours,
la marche des épaules du cheval devra toujours précéder
celle des hanches.*

*Lorsque les cavaliers exécutent correctement le chan-
gement de main au pas et au trot, l'instructeur leur apprend à faire changer de pied, leurs chevaux marchant au
galop.*

## 148. Changement de pied en changeant d'allure.

*Pour l'intelligence des mouvements qui vont suivre, l'instructeur les fera toujours exécuter, les chevaux droits, et lorsque les cavaliers les auront bien compris, il les leur fera répéter en tenant les hanches.*

*Pour apprendre aux cavaliers à faire changer leurs chevaux de pied, l'instructeur leur fait prendre 5 mètres de distance entre eux, et il les fait partir au galop.*

*Lorsque les chevaux sont calmes, l'instructeur fait changer de main; il prescrit aux cavaliers de passer successivement au trot, en arrivant à la piste, pour repartir sans retard au galop à la nouvelle main.*

## 149. Changement de pied sans changer d'allure.

*Lorsque les cavaliers ont acquis l'habitude de changer assez promptement la combinaison de leurs aides, de manière à ne faire qu'un ou deux temps de trot avant de repartir au galop sur le nouveau pied, l'instructeur leur explique le mécanisme du changement de pied, ainsi que les moyens d'en assurer la justesse.*

*Le changement de pied sans changer d'allure n'est, à vrai dire, qu'un nouveau départ, sans interruption du galop; mais il faut saisir le moment opportun pour obliger le cheval à changer la combinaison de ses extrémités sous la masse, par une nouvelle répartition de son poids.*

*En effet, puisqu'il a été démontré à la 5ᵉ leçon que pour obtenir le galop à droite il faut charger le jarret gauche et en provoquer la détente, il devient donc nécessaire entre deux temps de galop de faire passer le poids de la hanche gauche sur la droite, pour que le jarret droit, chargé à son tour, produise en se détendant le galop à gauche.*

*Or, on sait qu'après avoir été projetée par le jarret gauche et avoir progressé, la masse, en arrivant sur le sol, est reçue par le bipède diagonal gauche, puis par la jambe droite de*

*devant : c'est donc au moment où la jambe droite de derrière
est engagée sous la masse, que le cavalier doit fixer le poids
sur cette partie, pour en provoquer ensuite la détente et
obtenir le galop à gauche, ce qui constitue le changement
de pied.*

Pour changer de pied, chaque cavalier, successivement
en arrivant à la piste, place son cheval à gauche, et, au
moment où pose à terre le bipède diagonal gauche, il
assure le haut du corps un peu en arrière à droite,
porte moëlleusement la main de bride dans cette direction et ferme la jambe droite un peu plus en arrière que la
gauche.

*Dans les commencements de ce travail, l'instructeur fait
partir successivement chaque cavalier, il lui fait exécuter
un changement de main, et veille avec soin à ce qu'il ne
se penche pas en avant pour voir arriver l'épaule, ce
qui d'une part peut désunir le cheval, et de l'autre nuit
au sentiment de l'assiette, que l'on ne saurait trop développer.*

*Lorsque les cavaliers commencent à bien obtenir les chan-
gements de pied, l'instructeur fait exécuter les changements
de main en tenant les hanches. Il veille à ce qu'autant que
possible, les cavaliers ne traversent pas leurs chevaux au
changement de pied.*

*L'instructeur fait ensuite terminer le changement de main
à la ligne du doublé dans la longueur, pour juger de l'adresse
des cavaliers.*

## 150. Demi-volte successive.

*Toute demi-volte amène un changement de main.*

*La demi-volte est la moitié d'un cercle qui a pour tan-
gentes la piste et la ligne du doublé dans la longueur.*

*La demi-volte se termine par une diagonale plus ou moins
prolongée, selon le degré d'instruction des élèves, et rejoi-
gnant la piste qu'on suivait pour marcher en sens inverse.*

*L'instructeur fait son commandement préparatoire, de manière à commander :* Demi-volte, *lorsque le conducteur a parcouru les 2/3 de la longueur de l'un des grands côtés.*

Au commandement : *Préparez-vous à la demi-volte successive,*

Le conducteur et successivement tous les cavaliers rassemblent leurs chevaux.

Au commandement : *Demi-volte,*

Le conducteur dirige son cheval sur un demi-cercle de de 6 mètres, en avançant, de manière qu'étant arrivé à la ligne du milieu, il se trouve face, en arrière, sur le point opposé de la circonférence : alors il marque un demi-arrêt pour cesser la direction circulaire, et conduit son cheval sur une diagonale, comme il est prescrit au changement de main.

Tous les autres cavaliers exécutent successivement le même mouvement en passant par les mêmes points que le conducteur (*Figure 1re*).

*Si le mouvement s'exécute au galop, chaque cavalier change successivement de pied en arrivant sur la piste à la nouvelle main.*

## 151. Demi-volte successive et renversée.

*La demi-volte renversée diffère de la demi-volte, en ce que cette dernière commence par l'arc de cercle et se termine par la diagonale à l'extrémité de laquelle doit s'effectuer le changement de pied, si on l'exécute au galop; tandis que la demi-volte renversée est précédée de la diagonale, terminée par l'arc de cercle, qui ramène face en arrière à la piste que l'on suivait, et où l'on change de pied si le mouvement s'exécute au galop.*

*L'instructeur fait son commandement préparatoire, de manière à commander :* Demi-volte renversée, *lorsque le conducteur, après avoir passé le 2e coin, est arrivé au tiers de l'un des grands côtés.*

Au commandement : *Préparez-vous à la demi-volte successive et renversée,*

Le conducteur et successivement tous les cavaliers rassemblent leurs chevaux.

Au commandement : *Demi-volte renversée,*

Le conducteur dirige son cheval comme il est prescrit au changement de main. Lorsqu'il est arrivé au milieu du manége, il place son cheval à gauche, marque un demi-temps d'arrêt pour cesser la direction diagonale, porte la main à gauche et ferme les jambes également, pour chasser le cheval en avant, la droite un peu plus en arrière que la gauche, pour maintenir le cheval ployé et obliger les hanches à passer par les mêmes points que les épaules.

*Lorsque le mouvement s'exécute au galop, le conducteur et successivement tous les cavaliers, en arrivant à l'extrémité de la diagonale, baissent un peu la main gauche, pour diriger le cheval sur l'arc de cercle, le maintiennent placé à droite par la rêne droite du filet, assurent le haut du corps en arrière à gauche et tiennent la jambe gauche plus ou moins près, sans éloigner la droite, pour maintenir le cheval au galop à droite jusqu'à la piste, où ils changent de pied (Fig. 2).*

*Pour rendre ce mouvement plus facile au galop dans le commencement, l'instructeur prescrit aux élèves de changer au point où finit la diagonale et où commence l'arc de cercle.*

## 152. Contre-changement de main successif.

*L'instructeur fait son commandement préparatoire assez à temps pour commander :* Contre-changez de main, *lorsque le conducteur, après avoir passé le 2ᵉ coin, a marché 6 mètres droit devant lui.*

Au commandement : *Préparez-vous au contre-changement de main successif,*

Le conducteur et successivement tous les cavaliers rassemblent leurs chevaux.

Au commandement : *Contre-changez de main*,

Le conducteur se dirige comme pour un changement de main, et lorsqu'il est arrivé à la ligne du doublé dans la longueur, il exécute un demi-à-gauche, se porte deux pas en avant, place son cheval à gauche, fait un second demi-à-gauche et revient à la piste qu'il suivait en parcourant une diagonale égale à la première.

Tous les autres cavaliers exécutent successivement le même mouvement, en passant exactement par les mêmes points que le conducteur.

*Si le mouvement s'exécute en tenant les hanches, le conducteur, en arrivant à la ligne du doublé dans la longueur, marque un demi-arrêt pour cesser le mouvement d'appuyer à droite, relâche la jambe gauche qui chassait les hanches à droite, place son cheval à gauche, porte la main dans cette direction, et ferme la jambe droite pour faire suivre les hanches (Figure 3).*

*Le contre-changement de main nécessite au galop deux changements de pied : le premier à l'extrémité de la 1re diagonale, avant de suivre la seconde, et le 2e en rentrant à la piste. L'instructeur veille à ce que les cavaliers ne traversent pas leurs chevaux.*

## 153. Travail successif par reprises composées de trois cavaliers.

*Pour arriver progressivement à individualiser le travail, l'instructeur partagera sa reprise en 4 subdivisions de 3 cavaliers chacune, ayant soin de changer les conducteurs, de manière que chacun le soit à son tour.*

## 154. Changement de main successif dans chaque reprise de trois.

*L'instructeur fait son commandement préparatoire, de manière à commander :* Changez de main, *lorsque le conduc-*

*teur de la dernière reprise de trois, après avoir passé le 2ᵉ coin, a marché 4 mètres droit devant lui.*

Au commandement : *Dans chaque reprise, préparez-vous au changement de main successif,*

Les conducteurs et successivement les nᵒˢ 2 et 3 rassemblent leurs chevaux.

Au commandement : *Changez de main,*

Les conducteurs quittent ensemble la piste, par un demi-à-droite, se réglant sur celui de la première reprise pour traverser le manége diagonalement à la même hauteur, en suivant des lignes parallèles, afin d'arriver tous à la fois à la piste opposée.

Les nᵒˢ 2 et 3 de chaque reprise exécutent successivement le même mouvement en passant exactement par les mêmes points que leur conducteur *(Figure 4)*.

*Si le mouvement s'exécute au galop, les conducteurs et successivement les nᵒˢ 2 et 3 changent de pied en arrivant sur la piste à la nouvelle main.*

## 155. Marche circulaire dans chaque reprise de trois.

*L'instructeur fait son commandement préparatoire assez à temps pour commander :* En cercle, *lorsque le nᵒ 3 de la dernière reprise est arrivé sur l'un des grands côtés.*

Au commandement : *Préparez-vous, dans chaque reprise, à la marche circulaire,*

Les conducteurs et successivement les nᵒˢ 2 et 3 rassemblent leurs chevaux.

Au commandement : *En cercle,*

Les conducteurs décrivent un cercle entre les deux pistes, se réglant à gauche pour le premier quart du cercle, à droite pour le deuxième, à gauche pour le troisième, et à droite pour le quatrième, afin d'arriver en même temps au milieu du manége, ainsi qu'à la piste opposée, et pour rentrer tous à la fois sur la piste primitive.

Les conducteurs continuent de marcher en cercle, jusqu'au commandement : *Marchez large,*

Les n°ˢ 2 et 3 de chaque reprise suivent leur conducteur, ayant soin de se maintenir exactement à leur distance, pour ne pas gêner le mouvement des conducteurs qui les avoisinent *(Figure 5)*.

## 156. Marcher large.

*Lorsque l'instructeur veut faire reprendre la piste, il veille à ce que les conducteurs soient à la même hauteur, et il commande :* Marchez large, *au moment où ils arrivent à 5 mètres de la piste.*

Au commandement : *Marchez large ,*

Les conducteurs redressent leurs chevaux et reprennent la piste ; ils sont suivis des autres cavaliers.

## 157. Volte successive dans chaque reprise de trois.

*La volte est un cercle régulier tangent à la piste et à la ligne du doublé dans la longueur.*

*Pour l'opportunité de ses commandements , l'instructeur se conforme à ce qui est prescrit au travail en cercle, n° 155.*

Au commandement : *Préparez-vous, dans chaque reprise, à la volte successive ,*

Les conducteurs et successivement les n°ˢ 2 et 3 rassemblent leurs chevaux.

Au commandement : *Volte ,*

Les conducteurs et successivement les n°ˢ 2 et 3 se conforment à ce qui est prescrit pour se mettre en cercle, ayant soin de porter la main plus ou moins à droite et de tenir la jambe gauche plus ou moins en arrière, de manière à ne pas dépasser le milieu du manége et à marcher large, sans commandement , lorsqu'ils rejoignent la piste *(Fig. 6)*.

*Nota. Dans tout mouvement circulaire, l'action de la main qui dirige et celle de la jambe du dehors, doivent être d'autant plus énergiques, que le diamètre du cercle à parcourir est plus petit. La jambe du dedans doit, concurremment avec celle du dehors, communiquer l'action nécessaire au mouvement en avant, pour combattre l'effet rétroactif de la main; mais la jambe du dehors doit employer en plus une force relative à la tendance des hanches à tomber en dehors du cercle, afin de les obliger à passer par les mêmes points que les épaules.*

## 158. Demi-volte successive dans chaque reprise de trois.

*L'instructeur fait son commandement préparatoire de manière à commander :* Demi-volte, *lorsque le conducteur de la première reprise arrive à 3 mètres de l'extrémité de l'un des grands côtés.*

Au commandement : *Préparez-vous, dans chaque reprise, à la demi-volte successive,*

Les conducteurs et successivement les nᵒˢ 2 et 3 rassemblent leurs chevaux.

Au commandement : *Demi-volte,*

Les conducteurs se conforment à ce qui est prescrit nᵒ 157, avec cette différence, que lorsqu'ils sont arrivés face en arrière sur la ligne du doublé dans la longueur, ils forment ensemble un demi-arrêt, pour cesser de suivre la ligne circulaire, et se dirigent ensuite vers la piste qu'ils viennent de quitter, en parcourant des diagonales parallèles, se conformant aux principes du changement de main successif par reprise de trois *(Figure 7)*.

*Si le mouvement s'exécute au galop, les conducteurs et successivement les nᵒˢ 2 et 3 changent de pied en arrivant à la piste.*

159. Demi-volte successive dans chaque reprise de trois, les conducteurs ayant doublé dans la largeur.

*L'instructeur fait doubler les conducteurs dans la largeur, lorsque celui qui est en tête est près d'arriver à l'extrémité de l'un des grands côtés ; il fait ensuite son commandement préparatoire, de manière à commander :* Demi-volte, *lorsque les conducteurs arrivent à 3 mètres de la piste.*

Au commandement : *Préparez-vous, dans chaque reprise, à la demi-volte successive,*

Les conducteurs et successivement les n°s 2 et 3 rassemblent leurs chevaux.

Au commandement : *Demi-volte,*

Chaque conducteur décrit une demi-volte à droite, revient par une diagonale à la piste qu'il suivait après le doublé, de manière à la rejoindre au milieu du manége, redresse alors son cheval par un demi-à-gauche, et se porte perpendiculairement au mur, en se réglant à gauche. Lorsqu'il y est arrivé, il tourne à gauche sans commandement *(Figure 8).*

*Si le mouvement s'exécute au galop, les conducteurs et successivement les n°s 2 et 3 changent de pied en arrivant à la ligne du doublé dans la longueur, après la demi-volte.*

160. Demi-volte successive et renversée dans chaque reprise de trois.

*L'instructeur fait son commandement préparatoire, de manière à commander :* Demi-volte renversée, *lorsque le conducteur de la dernière reprise est arrivé sur l'un des grands côtés.*

Au commandement : *Préparez-vous, dans chaque reprise, à la demi-volte successive et renversée.*

Les conducteurs et successivement les n°³ 2 et 3 rassemblent leurs chevaux.

Au commandement : *Demi-volte renversée*,

Les conducteurs et successivement les n°ˢ 2 et 3 se conforment à ce qui est prescrit au n° 154, avec cette différence, que lorsque les conducteurs sont arrivés au milieu
du manége, ils forment ensemble un demi - arrêt pour
cesser la direction diagonale et qu'ils exécutent une demi-
volte à gauche, de manière à rejoindre tous en même
temps la piste qu'ils viennent de quitter, pour marcher
à main gauche.

Il est essentiel dans ce mouvement que les n°³ 2 et 3 de
chaque reprise observent exactement leurs distances, pour
ne pas gêner le mouvement des conducteurs qui les avoisinent *(Figure 9)*.

*Lorsque le mouvement doit s'exécuter au galop, l'instructeur*
*rappelle aux cavaliers les prescriptions du n° 151.*

## 161. Contre-changement de main successif, dans chaque reprise de trois.

*L'instructeur fait son commandement préparatoire assez à*
*temps pour commander :* Contre-changez de main, *lorsque*
*le conducteur de la dernière reprise de trois a passé le 2ᵉ*
*coin.*

Au commandement : *Préparez-vous, dans chaque reprise,*
*au contre-changement de main successif,*

Les conducteurs et successivement les n°ˢ 2 et 3 rassemblent leurs chevaux.

Au commandement : *Contre-changez de main ,*

Les conducteurs se conforment à ce qui est prescrit au
changement de main successif par reprises de trois, avec
cette différence, que lorsqu'ils sont arrivés à la ligne du
doublé dans la longueur, ils redressent leurs chevaux par
un demi-à-gauche, qu'ils marchent deux pas droit devant

eux, qu'ils placent leurs chevaux à gauche, qu'ils exécutent un deuxième demi-à-gauche et qu'ils rejoignent la piste, ayant soin de parcourir des diagonales parallèles et égales aux premières : le conducteur de la 1<sup>re</sup> reprise de trois, calculant son terrain, de manière à rentrer sur la piste à 6 mètres avant de passer le coin *(Figure 10)*.

*Lorsque le mouvement s'exécute au galop, le conducteur et successivement les n<sup>os</sup> 2 et 3 changent de pied en arrivant à la ligne du doublé dans la longueur, ainsi qu'en rentrant sur la piste.*

## 162. Voltige.

*L'instructeur continuera à exercer les cavaliers à la voltige. Les mouvements, que l'on peut varier à l'infini, seront exécutés par les différents élèves, en raison de leur souplesse, de leur dextérité et de leur légèreté acquises.*

## 163. Sauteurs.

*Les cavaliers ayant pris l'habitude du sauteur et la confiance nécessaire à cet exercice, dans les leçons qui précèdent, l'instructeur fera multiplier les sauts, en subordonnant toutefois leur vigueur à la tenue régulière des élèves.*

## 164. Travail dans la carrière.

*Le travail qui a été exécuté sur des chevaux de carrière, sages, dans l'intérieur des manéges, sera répété dans des carrières plus vastes et sur les mêmes chevaux, dont la vigueur, surexcitée par l'influence de l'air et des objets extérieurs, devient une difficulté inconnue aux élèves. C'est alors, que l'instructeur ne saurait trop s'attacher à inspirer de la confiance aux cavaliers, en leur donnant à monter les chevaux les plus en rapport avec leurs moyens.*

À mesure que les cavaliers acquièrent plus d'habitude, l'instructeur les fait travailler progressivement aux allures allongées, avec et sans étriers, et il multiplie les changements de direction.

Il exige, dans les commencements surtout, que les cavaliers caressent leurs chevaux, tantôt à l'encolure, tantôt sur la croupe, sans commandement et sans contrarier l'allure, afin d'augmenter l'adhérence de l'assiette et des cuisses, et pour développer la souplesse de toutes les parties mobiles de la position.

À cet effet, l'allure étant réglée et les distances bien observées, l'instructeur commande : **Repos.**

Il faut de temps en temps faire travailler individuellement, pour permettre aux cavaliers d'essayer leurs forces et de juger de leurs progrès.

Lorsque les cavaliers conduisent ces premiers chevaux avec dextérité et confiance, l'instructeur leur en fait monter de plus susceptibles, afin de se ménager toujours des moyens d'émulation.

# DEUXIÈME PARTIE.

Cette deuxième partie de la leçon a pour but essentiel d'individualiser le travail, de le rendre intéressant, et surtout d'exercer l'attention et l'intelligence des élèves, pour perfectionner leur instruction.

L'instructeur devra s'attacher à leur faire comprendre que la meilleure preuve à donner de leur puissance raisonnée,

*sera de soumettre des chevaux de conformation, de suscep-*
*tibilité et de moyens différents, à une allure uniforme, à des*
*mouvements individuels et exécutés dans des lignes détermi-*
*nées, pour former un travail d'ensemble régulier.*

## 165. Tracer une piste intérieure.

*Combattre la routine des chevaux, est la première condi-*
*tion de toute bonne exécution. A cet effet, l'instructeur fait*
*tracer une piste intérieure, à 1 mètre de la piste, par le*
*conducteur; il est suivi des autres cavaliers.*

*Lorsqu'ils l'ont parcourue aux trois allures, l'instructeur*
*fait répéter ce travail par les n<sup>os</sup> impairs et pairs alternati-*
*vement.*

*Les cavaliers étant en marche, l'instructeur les fait se*
*compter* deux*, et son commandement préparatoire doit être*
*fait assez à temps pour commander* : Piste intérieure*, lors-*
*que le dernier cavalier de la reprise, après avoir passé le*
*2<sup>e</sup> coin, est arrivé sur la piste de l'un des grands côtés.*

Au commandement : *Numéros impairs, préparez-vous à*
*tracer une piste intérieure,*

Tous les cavaliers rassemblent leurs chevaux : les numéros impairs, pour les disposer à quitter la piste, et les
numéros pairs, pour les y maintenir.

Au commandement : *Piste intérieure,*

Tous les numéros impairs quittent la piste à la fois et à
la même allure, par un demi-à-droite; lorsqu'ils en sont à
1 mètre, ils redressent leurs chevaux par un demi-à-gauche, et se portent droit devant eux, vis-à-vis de la place
qu'ils occupaient et à leur distance.

Au même commandement, les numéros pairs, qui doivent suivre la piste, soutiennent plus ou moins la main à
gauche et ferment la jambe droite, pour empêcher leurs
chevaux de suivre ceux qui en sortent, ayant l'attention de

se maintenir à 1 mètre de la croupe du cheval du numéro 1 qui les précède et qui est à leur droite.

Pour le passage des coins, les cavaliers qui restent à la piste, ayant une courbe plus grande à parcourir, doivent allonger un peu l'allure, pour se maintenir à leur distance *(Figure 11)*.

*On fait rentrer les cavaliers à la piste, par le commande- ment :* Rentrez à la piste, *ce qui s'exécute suivant les princi- pes prescrits pour en sortir et par les moyens inverses. Les numéros pairs exécutent à leur tour le même travail, au commandement de l'instructeur.*

*Lorsque le mouvement s'exécute au galop, au commande- ment :* Rentrez à la piste, *tous les cavaliers qui ont tracé une piste intérieure changent de pied, exécutent un demi-à- gauche, se portent droit devant eux jusqu'à la piste, où ils reprennent leur place en remettant leurs chevaux sur le pied droit.*

## 166. Changement de main individuel.

*L'instructeur fait son commandement préparatoire assez à temps pour commander :* Changez de main, *aussitôt que tous les cavaliers sont en colonne sur l'un des grands côtés.*

Au commandement : *Préparez-vous au changement de main individuel,*

Tous les cavaliers rassemblent leurs chevaux.

Au commandement : *Changez de main,*

Chaque cavalier exécute un demi-à-droite et, le mouve- ment achevé, se porte droit devant lui dans sa nouvelle direction, tous suivant des lignes parallèles et se réglant à gauche de manière à n'apercevoir que le cavalier de ce côté, pour se maintenir à la même hauteur et conserver leur intervalle du côté du conducteur, qui se dirige de ma- nière à arriver à 6 mètres du coin sur la piste opposée *(Figure 12)*.

*L'instructeur veille à ce que les cavaliers fassent marcher leurs chevaux bien placés et à ce qu'ils les empêchent de changer de pied avant d'être arrivés à la piste.*

*Lorsque le mouvement s'exécute au galop, tous les cavaliers changent de pied à la fois en arrivant à la piste.*

*Lorsque le mouvement s'exécute en tenant les hanches, chaque cavalier doit se maintenir à sa distance et de manière que le cavalier qui le précède lui cache tous ceux qui sont en avant.*

## 167. Marche circulaire individuelle.

*L'instructeur fait son commandement préparatoire assez à temps pour commander :* En cercle, *lorsque le dernier cavalier de la reprise, après avoir passé le 2ᵉ coin, a marché 6 mètres droit devant lui.*

Au commandement : *Préparez-vous au cercle individuel,*

Tous les cavaliers rassemblent leurs chevaux.

Au commandement : *En cercle,*

Chaque cavalier se met en cercle, en se conformant aux principes prescrits au nᵒ 155 (*Figure 13*).

*Pour faire marcher large, l'instructeur se conforme à ce qui est prescrit au nᵒ 156.*

## 168. Volte individuelle.

*L'instructeur fait son commandement préparatoire, de manière à commander :* Volte, *lorsque le dernier cavalier de la reprise, après avoir passé le 2ᵉ coin, a marché 6 mètres droit devant lui.*

Au commandement : *Préparez-vous à la volte individuelle,*

Tous les cavaliers rassemblent leurs chevaux.

Au commandement : *Volte,*

Chaque cavalier décrit une volte, en se conformant aux principes prescrits au nᵒ 157 (*Figure 14*).

## 169. Demi-Volte individuelle.

*L'instructeur fait son commandement préparatoire, de manière à commander :* Demi-Volte, *lorsque le conducteur arrive à 3 mètres de l'extrémité de l'un des grands côtés.*

Au commandement : *Préparez-vous à la demi-volte individuelle,*

Tous les cavaliers rassemblent leurs chevaux.

Au commandement : *Demi-Volte,*

Chaque cavalier décrit une demi-volte, en se conformant aux principes prescrits au n° 158 *(Figure 15).*

## 170 Demi-volte individuelle, les cavaliers ayant doublé individuellement dans la largeur.

*L'instructeur fait doubler individuellement dans la largeur du manége, lorsque le conducteur est près d'arriver à l'extrémité de l'un des grands côtés, et il fait son commandement préparatoire assez à temps pour commander :* Demi-volte, *lorsque les cavaliers arrivent à 3 mètres de la piste opposée.*

Au commandement : *Préparez-vous à la demi-volte individuelle,*

Tous les cavaliers rassemblent leurs chevaux.

Au commandement : *Demi-volte,*

Chaque cavalier décrit une demi-volte à droite, et se conforme ensuite aux principes prescrits au n° 159 *(Figure 16).*

*Si le mouvement s'exécute au galop, chaque cavalier, après avoir parcouru sa demi-volte, change de pied en arrivant à la ligne du doublé dans la longueur.*

*L'instructeur remet les cavaliers dans l'ordre naturel et à main droite, en faisant répéter le même mouvement.*

## 171. Demi-volte individuelle et renversée.

*L'instructeur fait son commandement préparatoire assez à temps pour commander :* Demi-volte renversée, *aussitôt que le dernier cavalier a passé le 2ᵉ coin.*

Au commandement : *Préparez-vous à la demi-volte indivi-duelle et renversée,*

Tous les cavaliers rassemblent leurs chevaux.

Au commandement : *Demi-volte renversée,*

Chaque cavalier décrit une demi-volte renversée, en se conformant aux principes prescrits au n° 160 *(Figure 17).*

*Si le mouvement s'exécute au galop, chaque cavalier se conforme à ce qui est prescrit au n° 151.*

*L'instructeur remet les cavaliers dans l'ordre naturel et à main droite, en faisant répéter le même mouvement.*

## 172. Changement de main successif, par reprise de trois et individuellement dans chaque reprise.

*L'instructeur fait son commandement préparatoire assez à temps pour commander :* Changez de main, *à l'instant où le n° 3 de la première reprise a passé le 2ᵉ coin.*

Au commandement : *Préparez-vous à changer de main suc-cessivement par reprise de trois, et individuellement dans chaque reprise,*

Les trois premiers cavaliers rassemblent leurs chevaux.

Au commandement : *Changez de main,*

Les trois premiers cavaliers exécutent ensemble un demi-à-droite, et changent de main en se conformant aux principes du changement de main individuel.

Les trois cavaliers qui suivent continuent de marcher droit devant eux, et exécutent le changement de main à leur tour, lorsqu'ils sont arrivés sur le terrain où les pre-miers l'ont commencé, ayant soin de suivre chacun la piste tracée par le cavalier de la reprise qui précède et qui porte son numéro.

Chaque reprise de trois se conforme successivement aux mêmes principes *(Figure 18).*

*Si le mouvement s'exécute au galop, les cavaliers se con-*

*forment, dans chaque reprise de trois successivement, à ce qui est prescrit au n° 166.*

## 173. Doubler individuellement par trois dans la longueur.

*L'instructeur fait son commandement préparatoire assez à temps pour commander :* Doublez, *lorsque le conducteur de la première reprise de trois est au moment de passer le 2ᵉ coin.*

Au commandement : *Préparez-vous à doubler dans la longueur, successivement par reprise de trois, et individuellement dans chaque reprise,*

Les trois premiers cavaliers rassemblent leurs chevaux, ainsi que tous les nᵒˢ 1 successivement, pour continuer de suivre la piste, lorsque la reprise qui les précède exécute son doublé.

Au commandement : *Doublez,*

Les trois premiers cavaliers doublent individuellement à droite et se portent droit devant eux, en se réglant à droite pour marcher à la même hauteur et conserver leurs intervalles de ce côté.

Les cavaliers qui suivent continuent de marcher sur la piste, et doublent individuellement par trois en arrivant sur le terrain où les trois premiers ont doublé.

Dans chaque reprise, les cavaliers de droite qui sont guides de leur rang sont responsables de la distance (12 mètres) qu'ils doivent scrupuleusement observer après avoir doublé, afin que leur reprise puisse rentrer en colonne sans retard en arrivant à la prise du petit côté opposé.

Tous les cavaliers, dans chaque reprise, doivent conserver leurs intervalles, marcher à la même hauteur et se maintenir exactement en file derrière les cavaliers qui les précèdent et qui portent leurs numéros *(Figure 19)*.

*L'instructeur remet les cavaliers dans l'ordre où ils étaient précédemment, en faisant répéter le même mouvement.*

**174. Changement de main individuel, les cavaliers ayant doublé individuellement par trois dans la longueur.**

*L'instructeur fait doubler par trois dans la longueur, et il fait son commandement préparatoire, de manière à commander :* Changez de main, *aussitôt que la dernière reprise a doublé.*

Au commandement : *Préparez-vous au changement de main individuel,*

Tous les cavaliers rassemblent leurs chevaux.

Au commandement : *Changez de main,*

Tous les cavaliers exécutent à la fois un demi-à-droite et se portent ensuite droit devant eux, se réglant à droite, dans chaque reprise, pour conserver leur alignement et leurs intervalles de ce côté. Dans chaque reprise aussi les cavaliers qui portent les mêmes numéros doivent se maintenir exactement en file. Quand le cavalier de droite de chaque reprise arrive à la piste, tous les cavaliers redressent leurs chevaux par un demi-à-gauche, se portent ensemble en avant, et le guide vient alors à gauche (*Figure 20*).

*Lorsque le mouvement s'exécute au galop, tous les cavaliers changent de pied à la fois, lorsque ceux de droite arrivent au mur.*

**175. Ayant doublé par trois dans la longueur, doubler individuellement,**

*L'instructeur fait son commandement préparatoire assez à temps pour commander :* Doublez, *à l'instant où la première reprise de trois est arrivée à 5 mètres du petit côté.*

Les cavaliers ayant doublé par trois, au commandement : *Préparez-vous au doublé individuel,*

Tous les cavaliers rassemblent leurs chevaux.

Au commandement : *Doublez,*

Chaque cavalier exécute un doublé à droite, les n<sup>os</sup> 2 et 1 se maintenant parfaitement en file et à leur distance derrière les n<sup>os</sup> 3 qui, étant guides, se règlent à droite afin d'arriver ensemble à la piste du grand côté, où ils rentrent à main droite, sans commandement *(Figure* 21*).*

*L'instructeur remet les cavaliers dans l'ordre où ils étaient précédemment, en faisant répéter le même mouvement.*

176. Demi-volte successive dans chaque reprise de trois, les cavaliers ayant doublé individuellement dans la largeur, après le doublé par trois.

*L'instructeur fait son commandement préparatoire immédiatement après le commandement :* Doublez, *de manière à commander :* Demi-volte, *lorsque les n<sup>os</sup> 3 de chaque reprise devenus conducteurs arrivent à 3 mètres de la piste.*

Au commandement : *Préparez-vous, dans chaque reprise, à la demi-volte successive,*

Les conducteurs et successivement les n<sup>os</sup> 2 et 1 rassemblent leurs chevaux.

Au commandement : *Demi-volte,*

Les conducteurs exécutent une demi-volte à droite, et se dirigent ensuite par une diagonale vers la piste qu'ils suivaient après le doublé individuel dans la largeur. Arrivés au milieu du manége, ils redressent leurs chevaux par un demi-à-gauche et se portent droit devant eux perpendiculairement à la piste, où ils rentrent à main gauche sans commandement *(Figure* 22*).*

*Quand le mouvement s'exécute au galop, l'instructeur veille à ce que, dans chaque reprise, les cavaliers changent de pied successivement en arrivant au milieu du manége.*

*L'instructeur remet les cavaliers dans l'ordre naturel, en faisant répéter le même mouvement.*

## 177. Volte individuelle, les cavaliers ayant doublé individuellement par trois dans la longueur.

*L'instructeur fait doubler par trois, et il fait son commandement préparatoire, de manière à commander :* Volte, *lorsque la dernière reprise, après avoir doublé, a marché 6 mètres en avant.*

Au commandement : *Préparez-vous à la volte individuelle,*

Tous les cavaliers rassemblent leurs chevaux.

Au commandement : *Volte,*

Chaque cavalier décrit une volte ayant pour diamètre l'intervalle d'un cavalier à l'autre, se réglant, dans chaque reprise, de manière à se reporter ensuite en avant, ensemble et à la même hauteur *(Figure 23).*

*L'instructeur rappelle aux cavaliers que la moitié de la volte doit s'exécuter en avant du point de départ.*

*Il remet les cavaliers dans l'ordre naturel, en faisant répéter le même doublé.*

## 178. Demi-volte individuelle, les cavaliers ayant doublé individuellement par trois dans la longueur.

*L'instructeur fait doubler par trois dans la longueur, et il fait son commandement préparatoire assez à temps pour commander :* Demi-volte, *lorsque la première reprise de trois est près d'arriver à l'extrémité du manége.*

Au commandement : *Préparez-vous à la demi-volte individuelle,*

Tous les cavaliers rassemblent leurs chevaux.

Au commandement : *Demi-volte,*

Les cavaliers exécutent une demi-volte en avançant, et lorsqu'ils se trouvent face en arrière, ils marquent tous ensemble un demi-arrêt, et se dirigent ensuite, comme pour le changement de main individuel. n° 174 *(Figure 24).*

*Si le mouvement s'exécute au galop, tous les cavaliers changent de pied, lorsqu'ils arrivent face en arrière sur la piste qu'ils suivaient après le doublé.*

*L'instructeur remet les cavaliers dans l'ordre naturel, en faisant répéter le même mouvement.*

179. Demi-volte individuelle et renversée, les cavaliers ayant doublé individuellement par trois dans la longueur.

*L'instructeur fait doubler par trois, et il fait son commandement préparatoire, de manière à commander :* Demi-volte renversée, *lorsque la dernière reprise de trois a doublé.*

Au commandement : *Préparez-vous à la demi-volte individuelle et renversée,*

Tous les cavaliers rassemblent leurs chevaux.

Au commandement : *Demi-volte renversée,*

Les cavaliers se conforment à ce qui est prescrit pour le changement de main individuel, n° 174, avec cette différence, que lorsque le cavalier de droite de chaque reprise arrive à la piste, tous les cavaliers exécutent à la fois une demi-volte à gauche, pour se reporter face en arrière sur la piste qu'ils suivaient après le doublé *(Figure 25).*

*Si le mouvement s'exécute au galop, tous les cavaliers changent de pied lorsque, après la demi-volte, ils arrivent à la piste qu'ils suivaient. Dans les commencements, l'instructeur se conforme à ce qui est prescrit au n° 151.*

*L'instructeur remet les cavaliers dans l'ordre naturel, en faisant répéter le même mouvement.*

180. Contre-changement de main successif par n^os impairs ou pairs.

*L'instructeur prescrit aux cavaliers de se compter deux.*

*Il fait son commandement préparatoire, de manière à commander :* Contre-changez de main, *lorsque le conduc-*

*teur des n<sup>os</sup> 1 a marché 6 mètres devant lui, après le pas-*
*sage du 2<sup>e</sup> coin.*

Au commandement : *Numéros impairs, préparez-vous au*
*contre-changement de main successif,*

Tous les cavaliers rassemblent successivement leurs chevaux : les n<sup>os</sup> 1, pour les disposer à quitter la piste, et les
n<sup>os</sup> 2 pour les y maintenir.

Au commandement : *Contre-changez de main,*

Le premier numéro désigné quitte la piste et se dirige
comme il est prescrit au n° 152, ayant l'attention de rentrer à la piste à 6 mètres avant le coin, sans retarder la
marche du premier numéro 2, devenu conducteur pendant
le mouvement.

Tous les n<sup>os</sup> 1 exécutent successivement le même mouvement en arrivant sur le terrain où le conducteur l'a
commencé, ayant soin de parcourir les mêmes lignes, et
de conserver entre eux une distance de 5 mètres.

Les cavaliers qui contre-changent de main, ayant à parcourir les deux côtés du triangle formé par la piste et les
deux diagonales, doivent augmenter un peu l'allure, pour
rentrer à leurs places dans la reprise, sans y occasionner
de retard. Tous les n<sup>os</sup> 2 continuent de suivre la piste, conservant entre eux 5 mètres de distance *(Figure 26)*.

*Si le mouvement s'exécute au galop, les cavaliers se con-*
*forment à ce qui est prescrit au n° 152.*

*Les n<sup>os</sup> pairs exécutent à leur tour le même travail.*


181. Contre-changement de main successif et en
sens inverse, par numéros impairs et pairs,
les cavaliers ayant doublé successivement dans
la longueur.


*Pour tous les mouvements qui doivent s'exécuter sur la*
*ligne du doublé dans la longueur, les n<sup>os</sup> impairs tourne-*

*ront ou parcourront toujours des diagonales à la main à laquelle on marchera, et les n<sup>os</sup> pairs à la main opposée.*

*L'instructeur indique aux cavaliers qu'ils auront à doubler dans la longueur, et il fait son commandement préparatoire, de manière à commander :* Contre-changez de main, *lorsque les deux premiers cavaliers sont engagés dans la nouvelle direction.*

Au commandement : *Préparez-vous au contre-changement de main successif et en sens inverse,*

Le conducteur et successivement tous les cavaliers rassemblent leurs chevaux.

Au commandement : *Contre-changez de main,*

Le conducteur des n<sup>os</sup> 1 exécute un demi-à-droite et se dirige vers la piste du grand côté, de manière à y arriver au milieu ; il fait alors un à-gauche pour revenir à la ligne du doublé, où il redresse son cheval par un demi-à-droite, à 6 mètres avant la piste du petit côté, où il rentre sans commandement.

Le conducteur des n<sup>os</sup> 2 exécute un demi-à-gauche en arrivant sur le point où le n° 1 qui le précède a fait un demi-à-droite, et il se dirige vers la piste de gauche, de de manière à arriver au milieu ; il fait alors un à-droite pour revenir à la ligne du doublé et à sa distance ; il redresse alors son cheval par un demi-à-gauche.

Tous les n<sup>os</sup> 1 et 2 exécutent successivement le même mouvement que leur conducteur, en arrivant sur le terrain où ils l'ont commencé ; observant de conserver entre eux une distance de 5 mètres, pendant tout le mouvement (*Figure 27*).

*L'exécution de ce mouvement au galop exige deux changements de pied : le premier, pour les n<sup>os</sup> 1, à la fin de la première diagonale, et le deuxième à l'extrémité de la seconde. C'est l'inverse pour les n<sup>os</sup> 2, dont le changement de pied doit s'exécuter au commencement de chaque diagonale.*

**182. Demi-volte successive et en sens inverse, par n<sup>os</sup> impairs et pairs, les cavaliers ayant doublé successivement dans la longueur.**

*L'instructeur fait doubler dans la longueur, et il fait son commandement préparatoire assez à temps pour commander :* Demi-volte, *lorsque le conducteur arrive à 3 mètres du petit côté opposé.*

Au commandement : *Préparez-vous à la demi-volte successive et en sens inverse,*

Le conducteur et successivement tous les cavaliers rassemblent leurs chevaux ; les n<sup>os</sup> pairs les placent à gauche.

Au commandement : *Demi-volte,*

Le conducteur des n<sup>os</sup> 1 décrit une demi-volte à droite, jusqu'à la piste ; là il exécute un demi-à-droite et revient à la ligne du doublé dans la longueur, par une diagonale. Lorsqu'il y est arrivé, il redresse son cheval par un demi-à-gauche, et se porte droit devant lui. En arrivant à la piste du petit côté, il tourne à gauche sans commandement.

Le conducteur des n<sup>os</sup> 2 continue de marcher droit devant lui, et lorsqu'il est arrivé sur le point où le n° 1 qui le précédait a commencé son mouvement, il décrit une demi-volte à gauche, suivant les principes prescrits pour le n° 1 et par les moyens inverses, ayant soin de parcourir une diagonale égale à celle suivie par ce numéro, de manière à rejoindre la ligne du doublé au même point que lui et à sa distance.

Tous les n<sup>os</sup> 1 et 2 exécutent successivement le même mouvement que leur conducteur, en arrivant sur le terrain où ils l'ont commencé, observant de conserver entre eux une distance de 5 mètres pendant tout le mouvement (*Figure* 28).

*L'instructeur remet les cavaliers à main droite, en faisant répéter le même mouvement.*

*Lorsque le mouvement doit s'exécuter au galop, tous les nᵒˢ 2, devant tourner à gauche, changent de pied au moment où le nᵉ 1 qui les précède commence sa demi-volte.*

## 183. Demi-volte successive et renversée en sens inverse, par nᵒˢ impairs et pairs, les cavaliers ayant doublé successivement dans la longueur.

*L'instructeur fait commencer un doublé dans la longueur du manége, et il fait son commandement préparatoire assez à temps pour commander :* Demi-volte renversée, *lorsque le conducteur, après avoir doublé, a marché* 15 *mètres droit devant lui.*

Au commandement : *Préparez-vous à la demi-volte successive et renversée en sens inverse,*

Le conducteur et successivement tous les cavaliers rassemblent leurs chevaux, les nᵒˢ 2 les plaçant à gauche.

Au commandement : *Demi-volte renversée,*

Le conducteur des nᵒˢ 1 exécute un demi-à-droite et se dirige, par une diagonale, vers la piste du grand côté. Lorsqu'il y est arrivé, il place son cheval à gauche et décrit une demi-volte de ce côté, de manière à se porter droit devant lui, face en arrière, lorsqu'il est à la ligne du doublé dans la longueur; en arrivant au petit côté opposé, il tourne à gauche sans commandement.

Le conducteur des nᵒˢ 2 continue de marcher droit devant lui, et lorsqu'il est arrivé sur le point où le nᵉ 1 qui le précédait a commencé son mouvement, il fait un demi-à-gauche et exécute son mouvement suivant les principes prescrits au nᵉ 1, et par les moyens inverses.

Tous les nᵒˢ 1 et 2 exécutent successivement le même mouvement que leur conducteur, en arrivant sur le terrain où ils l'ont commencé ; observant de conserver entre eux une distance de 5 mètres pendant tout le mouvement *(Figure 29).*

*Lorsque le mouvement doit s'exécuter au galop, tous les n<sup>os</sup> 2 changent de pied avant de suivre leur diagonale.*

*L'instructeur remet les cavaliers dans l'ordre où ils étaient précédemment, en faisant répéter le même mouvement.*

## 184. Demi-volte individuelle et en sens inverse, par n<sup>os</sup> impairs et pairs, les cavaliers ayant doublé successivement dans la longueur.

*Les n<sup>os</sup> 1 et 2 devant être inversés après l'exécution de ce mouvement, l'instructeur indique à chaque cavalier qu'il doit connaître celui qui marche immédiatement après lui, et derrière lequel il devra se trouver.*

*L'instructeur fait doubler dans la longueur, et il fait son commandement préparatoire assez à temps pour commander : Demi-volte individuelle, lorsque le conducteur arrive à 5 mètres du petit côté.*

Au commandement : *Préparez-vous à la demi-volte individuelle en sens inverse,*

Tous les cavaliers rassemblent leurs chevaux, les n<sup>os</sup> 2 les plaçant à gauche.

Au commandement : *Demi-volte individuelle,*

Tous les cavaliers prennent à la fois une demi-volte, les n<sup>os</sup> 1 à droite, les n<sup>os</sup> 2 à gauche, ayant l'attention d'arriver tous en même temps sur les pistes et de se diriger ensuite, par des diagonales parallèles à celle de leur nouveau conducteur, vers la ligne du doublé dans la longueur, où ils doivent arriver ensemble, à leur distance, et derrière le cavalier qui les suivait, à l'exception du dernier n<sup>o</sup> 2, qui devient conducteur.

Le nouveau conducteur, sur qui on se règle, a l'attention de calculer son terrain, de manière à arriver à la ligne du doublé dans la longueur à 6 mètres avant le petit côté. En y arrivant, il tourne à gauche sans commandement *(Figure 50)*.

*Lorsque le mouvement doit s'exécuter au galop, tous les n⁰ˢ pairs, devant tourner à gauche, changent de pied au commandement préparatoire.*

*L'instructeur remet les cavaliers dans l'ordre où ils étaient précédemment, en leur faisant répéter le même mouvement.*

## 185. Demi-volte individuelle et renversée en sens inverse, par nᵒˢ impairs et pairs, les cavaliers ayant doublé successivement dans la longueur.

*L'instructeur indique aux cavaliers qu'ils devront doubler dans la longueur, et il fait son commandement préparatoire, de manière à commander :* Demi-volte renversée, *lorsque le dernier cavalier de la reprise est entré dans la nouvelle direction.*

Au commandement : *Préparez-vous à la demi-volte individuelle et renversée en sens inverse,*

Tous les cavaliers rassemblent leurs chevaux, les nᵒˢ 2 les plaçant à gauche.

Au commandement : *Demi-volte renversée,*

Tous les cavaliers exécutent à la fois : les nᵒˢ 1 un demi-à-droite, les nᵒˢ 2 un demi-à-gauche, et se dirigent vers la piste, de manière à y arriver ensemble, en suivant des diagonales parallèles à celle de leur conducteur ; lorsqu'ils sont à la piste, tous les nᵒˢ 1 prennent une demi-volte à gauche et les nᵒˢ 2 une demi-volte à droite, pour arriver ensemble à la ligne du doublé dans la longueur, à leur distance et derrière le cavalier qui les suivait, à l'exception du dernier nᵒ 2, qui devient conducteur.

Le conducteur sur qui on se règle a l'attention de juger de son terrain, de manière à terminer sa diagonale assez à temps pour prendre sa demi-volte à 5 mètres du premier coin *(Figure 51)*.

*Lorsque le mouvement doit s'exécuter au galop, tous les n⁰ˢ 2 changent de pied au commandement préparatoire.*

*L'instructeur remet les cavaliers dans l'ordre où ils étaient précédemment, en faisant répéter le même mouvement.*

*Dans les commencements, l'instructeur ne devra pas exiger que les cavaliers parcourent la demi-volte sur le pied du dehors ; il se conformera à ce qui est prescrit au n° 151.*

## 186. Appuyer la tête au mur.

*L'instructeur fait appuyer la tête au mur aux trois allures. Il veille à ce que les cavaliers restent bien carrément sur leurs chevaux, et à ce qu'ils les maintiennent toujours bien placés.*

Au commandement : *Préparez-vous à appuyer la tête au mur*,

Rassembler son cheval sans ralentir son allure.

Au commandement : *La tête au mur*,

Marquer un demi-temps d'arrêt, pour ralentir le mouvement des épaules, et glisser un peu la jambe gauche en arrière, pour amener les hanches en dedans du manége. Le cheval étant placé obliquement au mur, le cavalier se conforme à ce qui est prescrit à la 3ᵉ leçon, n° 137.

Au commandement : *Redressez*,

Soutenir la main à gauche, sans ralentir l'allure, pour maintenir les épaules sur la piste ; replacer la jambe gauche, ramener les hanches sur la ligne des épaules, en fermant la jambe droite, et porter le cheval en avant, par une égale pression des jambes.

*A mesure que les cavaliers prennent plus d'habitude, l'instructeur les fait appuyer de moins en moins obliquement au mur, jusqu'à les faire marcher perpendiculairement.*

*Lorsque les cavaliers doivent passer les coins en continuant d'appuyer, l'instructeur leur prescrit de diminuer momentanément la pression de la jambe gauche et d'augmenter l'action de la main à droite, pour déterminer les épaules, qui ont un plus grand arc de cercle à parcourir, à toujours devancer les hanches.*

## 187. Appuyer la croupe au mur.

*L'instructeur fait son commandement préparatoire, de manière à commander : La croupe au mur, aussitôt que le dernier cavalier de la reprise a passé le 2ᵉ coin.*

Au commandement : *Préparez-vous à appuyer la croupe au mur,*

Chaque cavalier, sans cesser de tenir les rênes de bride avec la main gauche, abandonne la rêne droite du filet, en saisit la rêne gauche avec la main droite par-dessus l'encolure, rapporte cette main à droite de la gauche et place son cheval à gauche.

Au commandement : *La croupe au mur,*

Chaque cavalier exécute un quart d'à-droite (75 centimètres); puis, aussitôt et sans à-coup, il marque un temps d'arrêt pour s'opposer au mouvement en avant, porte la main de bride à gauche pour diriger l'avant-main du cheval dans cette direction, et ferme la jambe droite pour faire suivre les hanches. Le cavalier se conforme du reste à ce qui est prescrit pour appuyer la tête au mur, ayant l'attention de modérer l'action de la main, pour éviter que les chevaux se heurtent les jarrets contre le talus.

*S'il arrive qu'un cheval résiste à la jambe droite, le cavalier, sacrifiant alors la régularité du placé à l'obéissance, saisit la rêne droite du filet, tire sur cette rêne d'avant en arrière pour opposer les épaules aux hanches, et détermine ainsi le cheval à appuyer.*

*L'instructeur veille à ce que les cavaliers n'emploient pas dans ce mouvement plus de force qu'il n'en faut : toute action trop intense ne pouvant produire qu'un effet sans justesse.*

*Lorsque l'on doit passer les coins en continuant d'appuyer, l'instructeur, pour ralentir le mouvement des épaules, prescrit aux cavaliers de soutenir moëlleusement la main à droite, et d'augmenter la pression de la jambe droite, pour activer les hanches qui ont un plus grand arc de cercle à parcourir.*

*Lorsque le mouvement s'exécute au galop, chaque cavalier change de pied après l'exécution de son quart d'à-droite, et appuie au galop à gauche jusqu'au commandement :* Redressez.

Au commandement : Redressez.

Chaque cavalier porte la main de bride à gauche pour ramener l'avant-main à la piste, ayant soin d'y maintenir les hanches avec la jambe droite. Le cheval étant redressé, avoir la main légère et les jambes près pour suivre la piste.

*Si le cavalier relâchait la jambe droite en portant la main à gauche, les hanches tomberaient en dedans du manége.*

*Lorsque le mouvement s'exécute au galop, le cavalier, après avoir redressé son cheval, abandonne la rêne gauche du filet, en saisit la rêne droite, place son cheval à cette main et change de pied.*

## 188. Travail à faux.

*Le travail à faux s'exécute au galop, il consiste à maintenir son cheval sur le pied du dehors pendant l'exécution de tous les mouvements.*

*Ce travail, que l'instructeur ne devra exiger que vers les derniers mois de l'instruction, peut être considéré comme l'examen le plus concluant du savoir des cavaliers, car, en outre de ce qu'ils ont à combattre la routine des chevaux, ils ont encore à vaincre leur tendance naturelle, dictée par l'instinct de conservation, à se remettre sur le pied du dedans, lorsqu'on les dirige sur les différentes courbes.*

*L'instructeur devra faire commencer ce travail d'abord sur de grandes lignes, et arriver progressivement à l'exécution de tous les mouvements de cette leçon. Il s'attachera surtout à bien faire comprendre aux cavaliers qu'ils doivent éviter d'employer plus de force que dans le travail au galop juste, et qu'ils arriveront à ce résultat d'autant plus promptement, qu'ils maintiendront leurs chevaux mieux placés.*

## 189. Demi-tour sur les hanches.

*Le demi-tour sur les hanches s'exécute aux trois allu-
res, dans toutes les positions, et à la main à laquelle on marche. Après l'exécution d'un demi-tour, les cavaliers sont inversés.*

*L'instructeur remet les cavaliers dans l'ordre naturel, en
faisant répéter le même mouvement.*

*Il fait arrêter les cavaliers sur l'un des grands côtés,
lorsque le conducteur arrive à 3 mètres du coin.*

Au commandement : *Préparez-vous au demi-tour à droite
sur les hanches,*

Tous les cavaliers rassemblent leurs chevaux.

Au commandement : *Demi-tour à droite,*

Chaque cavalier augmente la pression des jambes,
pour déterminer le cheval en avant, et, au moment où le
mouvement va se produire, le cavalier assure le haut du
corps en arrière, porte franchement et sans à-coup la main
à droite, ayant soin de diminuer insensiblement la pression
de la jambe droite et d'augmenter dans les mêmes proportions celle de la jambe gauche, pour fixer les hanches en
place, de manière à ce qu'elles marquent le pivot autour
duquel les épaules doivent décrire leur arc de cercle.

Le demi-tour achevé, replacer la main de la bride et
relâcher progressivement la jambe gauche (*Figure* 32).

*Le demi-tour à gauche s'exécute suivant les mêmes prin-
cipes et par les moyens inverses.*

*Il est essentiel, pour l'exécution de ce mouvement, que
les cavaliers aient leurs chevaux rassemblés et bien placés.*

*Lorsque ce mouvement doit s'exécuter en marchant au pas
et au trot, les cavaliers doivent arrêter au commandement
d'exécution, faire leur demi-tour et repartir à l'allure à laquelle ils marchaient, sans indication.*

*Si les cavaliers sont au galop, le demi-tour s'exécute sans
interruption de l'allure, en une ou plusieurs foulées. Le demi-*

*tour exécuté, tous les cavaliers changent de pied et se por-
tent droit devant eux.*

*Lorsque les cavaliers exécutent ce mouvement sans traver-
ser leurs chevaux, l'instructeur exige qu'ils les maintiennent sur le pied devenu du dehors, pendant quelques pas,
afin de juger de la puissance et de la justesse de leurs moyens.*

*Il porte une attention particulière à ce que le corps ne pen-
che pas en avant, ce qui est le défaut habituel.*

---

# VOLTIGE

---

## QUATRIÈME LEÇON

Etant à cheval, s'asseoir de côté.

Etant assis, se remettre à cheval.

Etant assis à gauche, s'asseoir à droite.

Sauter à cheval, la jambe droite par-
  dessus l'encolure.

Sauter à cheval, face en arrière.

Les ciseaux.

Se remettre à cheval dans le sens habituel.

Saut de dame.

Etant au galop, sauter à terre et assis
  d'une seule main.

*Pendant le temps consacré à la quatrième leçon, l'instruc-
teur fera répéter les exercices de voltige déjà devenus fami-
liers aux cavaliers, par les leçons qui précèdent. A chaque
séance, il consacrera quelques minutes à la voltige de pied
ferme, pour faire exécuter les mouvements qui vont être détaillés. Lorsque le mécanisme en sera bien compris, on les
fera répéter en marchant au galop.*

## 190. Étant à cheval, s'asseoir de côté.

Saisir une poignée de chaque main, le pouce du côté de l'encolure, et balancer les jambes d'avant en arrière et d'arrière en avant, le haut du corps se prêtant au mouvement en s'inclinant en sens inverse des jambes.

L'élan étant pris, fléchir la saignée, incliner le corps en avant, résister des poignets, s'enlever, passer la jambe droite tendue par-dessus la croupe du cheval sans le toucher et s'asseoir, les deux jambes pendantes à gauche.

## 191. Étant assis, se remettre à cheval.

Saisir les poignées et se préparer comme il est prescrit au n° 190.

L'élan étant pris, s'enlever sur les poignets, comme il est prescrit au n° 190, en inclinant un peu le corps en avant et à droite ; passer la jambe droite tendue par-dessus la croupe du cheval sans le toucher et se remettre à cheval, en assurant le haut du corps en arrière.

## 192. Étant assis à gauche, s'asseoir à droite.

Le cavalier, étant assis à gauche, saisit les poignées et se prépare, comme il est prescrit au n° 190.

L'élan étant pris, s'enlever, le haut du corps un peu incliné à droite, passer les jambes réunies par-dessus la croupe du cheval sans le toucher, et s'asseoir à droite.

*Pour s'asseoir à gauche, étant assis à droite, mêmes principes et moyens inverses.*

*Lorsque ces mouvements s'exécutent au galop, l'instructeur, ayant soin de subordonner ses exigences à la vigueur et à la souplesse des cavaliers, leur prescrit de passer d'une position à l'autre avec le plus de célérité possible.*

## 193. Sauter à cheval, la jambe droite par-dessus l'encolure.

Saisir le pommeau des deux mains, plier les jarrets et s'élancer des deux pieds, le corps soutenu un peu en arrière; s'étant enlevé, lâcher le pommeau et lancer vivement la jambe droite par-dessus l'encolure pour se mettre à cheval.

## 194. Sauter à cheval, face en arrière.

Placer la main gauche au pommeau, la main droite sur le derrière de la selle, plier les jarrets et s'élancer vivement des deux pieds; s'étant enlevé, lâcher le pommeau de la main gauche et tourner sur le bras droit, l'épaule gauche en arrière, en déployant la jambe gauche pour la passer par-dessus la croupe, et se mettre à cheval face en arrière.

*Pour exécuter ce temps en passant la jambe droite par-dessus l'encolure, mêmes principes que ci-dessus et moyens inverses, en se tournant sur le bras gauche, lâchant la selle de la main droite et déployant la jambe droite le plus haut possible.*

## 195. Les ciseaux.

Saisir les deux poignées ou le pommeau des deux mains, balancer les jambes d'avant en arrière et d'arrière en avant, le haut du corps se prêtant au mouvement en s'inclinant en sens inverse des jambes, s'enlever sur les poignets, en baissant le haut du corps en avant et à droite de l'encolure du cheval, les cuisses et les jambes tendues horizontalement; croiser alors les cuisses, la gauche en dessous pour la passer à droite, ouvrir les jambes et abandonner les poignées ou le pommeau, au moment où le corps se relève, pour se retrouver à cheval face en arrière; saisir alors les anneaux en cuir placés sur les parties latérales et postérieures du siége de la selle.

## 196. Se remettre à cheval dans le sens habituel.

Tenant les anneaux en cuir, comme il est prescrit au n° 195, s'asseoir le plus possible sur le pommeau, les cuisses tendues en arrière, abaisser vivement le corps, de manière que la poitrine vienne s'appuyer sur la fesse gauche du cheval, s'enlever sur les poignets et croiser les cuisses, comme il est prescrit au n° 195, et se remettre à cheval.

## 197. Saut de dame.

S'asseoir à gauche, comme il est prescrit au n° 190 ; saisir la poignée ou le pommeau des deux mains ; sauter à terre en se tournant le côté gauche vers l'épaule du cheval ; du même temps, s'enlever en engageant la jambe gauche la première et s'asseoir à droite.

## 198. Étant au galop, sauter à terre et assis d'une seule main.

Étant assis, saisir le pommeau avec la main droite, les ongles en dessous, l'avant-bras gauche derrière le dos ; descendre à terre, la jambe droite la première, faire un pas et s'élancer du pied gauche en prenant un point d'appui avec la main droite, et s'asseoir en avançant l'épaule droite.

*L'instructeur recommande aux cavaliers de bien calculer leur élan, de manière à arriver à terre en même temps que le pied gauche de devant du cheval, et de profiter de l'enlevé de l'avant-main, dans un second temps de galop, pour s'élancer et se remettre assis.*

*On peut, en calculant bien les foulées du cheval, arriver à sauter à terre et assis à tous les deux temps de galop.*

## 199. Sauteurs.

*L'instructeur, ayant exercé les élèves sur les sauteurs les plus énergiques et les plus déplaçants, pendant l'exécution de la 1<sup>re</sup> partie de cette leçon, leur fera monter les plus doux en selle française, pendant la 2<sup>e</sup> partie.*

*Toute son attention devra porter, en suivant une progression sévère, à empêcher les cavaliers d'ouvrir les coudes, de faire de grands mouvements de corps et de remonter les genoux.*

## 200. Sauteurs en liberté.

*Les sauteurs en liberté sont en bride et en selle à piquer.*

*Les sauteurs en liberté, devant être choisis parmi les chevaux bien établis, les plus énergiques et les mieux mis au manége, deviennent pour les élèves un précieux élément d'instruction, car ils ont à mettre en application tous les moyens de la conduite raisonnée du travail de manége, en l'associant à un ou à plusieurs sauts demandés et exécutés en mesure, pour les cesser à volonté et pour reprendre le travail de haute école.*

*Les aides acquièrent, par cet exercice, la plus grande justesse, en même temps que le cavalier y déploie grâce, souplesse et vigueur.*

*L'instructeur ne réunit que 4 ou 5 cavaliers au plus; ils conservent toujours les rênes de la bride dans la main gauche, la droite étant nécessaire au maniement de la cravache. On fait commencer le travail par une reprise au pas et au trot, pour que cavaliers et chevaux se mettent en rapport entre eux et ne soient plus surpris de leurs actions réciproques.*

*L'instructeur fait prendre 7 ou 8 mètres de distance à chaque élève, il les fait ensuite arrêter sur l'un des grands côtés, et donne l'explication pour l'exécution de la courbette.*

*qu'il fera exécuter d'abord individuellement et ensuite par tous à la fois.*

## 201. Courbette.

On nomme courbette, l'acte du cheval qui, sollicité par les aides du cavalier, engage ses extrémités postérieures sous la masse en baissant la croupe, s'enlève du devant en ployant les genoux et repose ensuite à terre, pour se porter en avant; les membres postérieurs accompagnant avec tride.

*Il est préférable, dans le commencement, de demander la courbette en place; parce que les élèves, n'ayant pas encore l'habitude de cet exercice, pourraient laisser leurs chevaux bourrer à la main.*

La courbette en place consiste à provoquer l'enlevé de l'avant-main, pour lui permettre de reposer sur le sol, sans que les membres postérieurs se meuvent.

Au commandement : *Préparez-vous à la courbette,*

Le cavalier rassemble son cheval, se grandit du haut du corps, et baisse la cravache, la mèche en bas, le long de l'épaule droite du cheval.

Au commandement: *Courbette,*

Augmenter la pression des jambes, en résistant de la main, afin de provoquer le cheval à engager ses jarrets sous la masse, et donner alors un léger coup de cravache à l'é-paule, sans remuer la main de la bride, pour déterminer le cheval à s'enlever de l'avant-main ; le cavalier doit alors soutenir le haut du corps, de manière à se maintenir dans la verticalité.

*Lorsque l'on est à main gauche, le cavalier se conforme a ce qui vient d'être prescrit, avec cette différence qu'en rassemblant son cheval au commandement préparatoire, il abaisse la cravache, la mèche en bas, le long de l'épaule gauche du cheval, le premier doigt allongé, le coude à hauteur de la main.*

*Quelle que soit la main à laquelle on marche, s'il arrive que le sauteur jette les hanches en dedans du manége, le cavalier, saisissant la rène du filet de ce côté avec le pouce et les deux premiers doigts de la main gauche, tire sur cette rène en l'appuyant près du garrot, et ferme la jambe du dedans, ce qui remet le cheval droit.*

*Si, demandant la courbette, le cheval bourre à la main et se précipite en avant, il faut l'arrêter et le faire reculer.*

## 202. Ruade.

Pour demander la ruade, le cavalier croise la cravache la mèche en arrière, la main à hauteur du coude, le premier doigt allongé.

A l'indication de l'instructeur, le cavalier, ayant rassemblé son cheval, baisse un peu la main de la bride pour permettre à l'encolure de s'étendre en s'abaissant, et il frappe un ou deux légers coups de cravache sur la croupe, ayant soin de soutenir le corps en arrière, pour résister à la ruade.

## 203. Saut.

Le saut se compose de la courbette, de la projection de la masse en avant par la détente égale des jarrets et de la ruade, au moment où, la parabole étant presque terminée, les membres antérieurs du cheval sont près d'arriver à terre.

*L'instructeur met les cavaliers en marche, et, lorsque les distances sont bien observées, il donne l'explication suivante :*

Au commandement : *Préparez-vous à faire sauter,*

Le cavalier rassemble son cheval, sans ralentir son allure, et croise la cravache sur la croupe, comme il est prescrit n° 202 *(exécution).*

Au commandement : *Faites sauter,*

Le cavalier provoque la courbette, par le soutien de la

main et la pression des jambes, et au moment où le che-val s'enlève il frappe un ou plusieurs légers coups de cra-vache sur la croupe, ayant soin de laisser la main suivre l'extension de l'encolure, au moment où le cheval s'é-lance, afin de ne pas le gêner dans sa ruade et de le recevoir moëlleusement, quand il arrive à terre.

Pour le soutien du corps, le cavalier se conforme alter-nativement et avec souplesse à ce qui est prescrit pour la courbette et la ruade.

*Lorsque les cavaliers ont obtenu le saut régulièrement, l'instructeur leur en fait exiger progressivement plusieurs de suite, mais toujours de manière à en subordonner le nombre à leur régularité et au calme des chevaux.*

*L'instructeur a soin d'entrecouper ces exercices de l'exé-cution de quelques figures de manége au galop et en reprise réglée, pour calmer les chevaux.*

*Lorsque les cavaliers savent obtenir individuellement et avec régularité plusieurs sauts de suite, l'instructeur les fait sauter tous ensemble aux deux mains. Il fait terminer le travail par un doublé individuel dans la longueur. Lors-que les cavaliers sont à la même hauteur, il fait le comman-dement :* Préparez-vous à faire sauter,

A ce commandement, tous les cavaliers se préparent à faire sauter.

Au commandement : *Faites sauter*,

Tous les cavaliers partent ensemble, ayant soin de con-server leur direction et leur alignement, et ils continuent à faire sauter jusqu'au commandement : *Hola.*

# CONSIDÉRATIONS

## SUR LE TRAVAIL A L'EXTÉRIEUR

*Le travail au large, sur des chevaux de carrière, est incontestablement le plus attrayant pour les élèves, comme il est aussi le plus utile aux cavaliers militaires, appelés à marcher aux grandes allures dans tous les terrains et à franchir les différents obstacles.*

*Les chevaux de carrière, fortement charpentés, sentis et rapides dans leurs allures, joignent en outre, à l'extérieur, aux qualités que nous venons de signaler, une ambition qui augmente les difficultés et met les cavaliers dans la nécessité de faire une application judicieuse des aides pour les maîtriser.*

*Il faut donc, dans cet exercice, suivre une progression calculée de manière à développer de plus en plus, chez les élèves, la grâce, l'aisance, la solidité, la hardiesse, qualités essentielles du cavalier militaire.*

*Passer trop tôt du travail académique aux exercices extérieurs, est une faute : les cavaliers faussent leur position, la roideur à peine vaincue ne tarde pas à revenir, et la dureté de la main, qui en est la conséquence, devient à tout jamais un vice incurable.*

*En même temps qu'une progression sage prévient de pareils résultats, elle fournit à l'instructeur le moyen de ménager aux élèves des jouissances nouvelles, source inépuisable du goût et de l'émulation qui toujours assurent le succès.*

## 204. Travail dans l'hippodrome.

*Lorsque les élèves, après avoir monté progressivement les différentes catégories de chevaux de carrière, auront exécuté en champ clos, à des allures modérées et en selle à la française, le travail simple du manége, l'instructeur les conduira sur un terrain plus vaste, où les changements de direction moins fréquents, lui permettront d'individualiser le travail, quoiqu'en reprise réglée.*

*Après avoir désigné pour conducteur l'un des élèves les plus adroits, monté sur un cheval soumis, pour régler l'allure, l'instructeur prescrira aux cavaliers de prendre* **20** *mètres de distance entre eux, espace nécessaire à l'application individuelle des moyens prescrits pour ralentir ou allonger l'allure.*

*Se plaçant vers le milieu de l'un des grands côtés de l'hippodrome, l'instructeur verra passer successivement chaque élève devant lui et pourra ainsi rectifier les fautes.*

*Quand les élèves, maîtres de leurs chevaux, pourront conserver exactement entre eux la distance prescrite, allonger ou raccourcir l'allure à volonté, l'instructeur les fera passer à la queue de la colonne, indistinctement. Dans ce travail, les cavaliers auront à combattre la tendance naturelle de leurs chevaux à suivre ceux qui les précèdent, ou à rentrer dans la colonne.*

*On fera ensuite marcher par deux et par quatre, chaque rang conservant* **20** *mètres de distance du rang qui le précède, pour répéter le travail que l'on a dû exécuter par un.*

*Les élèves trouveront dans cette marche les éléments d'étude les plus précieux pour se maintenir à la même hauteur; car tel cavalier aura à calmer son cheval, trop ardent, tel autre à exciter une nature froide, celui-ci à augmenter l'allure, et celui-là à la ralentir.*

*En toutes circonstances, l'instructeur exigera rigoureusement que, dans chaque rang, les cavaliers règlent l'allure de* leurs chevaux sur celui qui est le moins vite, pour éviter de mettre ce dernier hors de son aplomb, défaut fréquent, que l'on ne saurait trop combattre.

L'instructeur désignera, dans chaque rang, tels ou tels cavaliers qui devront maintenir leurs chevaux au trot et ceux qui devront prendre le galop, tout en restant alignés.

Il fera ensuite changer les cavaliers de rôle, pour que chacun, passant par les mêmes épreuves, ait les mêmes difficultés à vaincre.

Les cavaliers qui seront au galop, ayant moins de difficultés à entretenir l'allure que ceux qui seront au trot, se régleront sur ces derniers.

Après ce travail, l'instructeur prescrira à tel ou tel numéro de chaque rang, de le quitter et de se remplacer mutuellement.

Enfin, l'instructeur devra employer tous les moyens, pour individualiser le travail et rendre les cavaliers adroits et intelligents.

## 205. Règles générales pour les sauts des différents obstacles.

Le galop est l'allure le plus en rapport avec les sauts des différents obstacles; mais il est important, de se rendre compte de son emploi, en raison de ce que l'on doit sauter en hauteur ou en largeur.

Le saut en hauteur nécessitant de la part du cheval un temps d'arrêt pour s'enlever de l'avant sur l'arrière-main, et pour s'élancer ensuite, il devient évident que moins vive sera l'allure et plus facile sera le retour du poids des parties antérieures sur les jarrets, qui, véritables ressorts, en se détendant, projettent la masse et la font progresser.

Il faut donc, pour franchir mur, barrière ou haie, arriver sur l'obstacle au galop ordinaire.

En allongeant l'allure, on passe plus brillamment sans doute, mais ce n'est le fait que de certains chevaux privilégiés *par la nature; vouloir faire de l'exception la règle, c'est aller tout droit aux chutes doublement funestes : car, en outre de ce qu'elles compromettent souvent la vie des cavaliers et qu'elles peuvent déshonorer les chevaux en les tarant pour toujours, elles enlèvent aux élèves la confiance dont l'influence sur leurs progrès est incontestable.*

*Dans le saut en largeur, la chasse de l'arrière-main du cheval devant avoir lieu aussi horizontalement que possible, on peut allonger l'allure, en calculant bien toutefois les foulées de chaque temps de galop, par rapport à l'étendue du terrain qui précède l'obstacle, afin de ne pas gêner le cheval quand il est au moment de franchir.*

## 206. Passer sur la barrière à terre.

*Lorsque les élèves seront bien maîtres de leurs chevaux, l'instructeur leur apprendra les moyens à employer pour les préparer à bien sauter.*

*Pour faire passer sur la barrière à terre, l'instructeur conduit les élèves dans une carrière où il fait placer l'obstacle au milieu de la ligne du doublé dans la longueur.*

*La barrière étant à terre et en avant des chandeliers destinés à la supporter, l'instructeur fait former les cavaliers par le mouvement se ranger, lorsque le conducteur, après avoir passé le 1ᵉʳ coin, est arrivé sur l'un des petits côtés. Il leur détaille alors les principes à employer pour diriger leurs chevaux sur l'obstacle, ainsi que les moyens de combattre les résistances qu'ils pourraient présenter.*

Chaque cavalier désigné rassemble son cheval et le porte en avant au pas, le dirigeant de manière à le présenter perpendiculairement au milieu de la barrière.

A mesure que le cavalier approche de l'obstacle, il assure le corps, la ceinture et la main de la bride; il se lie au cheval des cuisses, des jarrets et des gras de jambes, pour être à même de résister aux sauts que certains chevaux font par-dessus la barrière à terre.

Au moment de passer la barrière, baisser un peu la main sans cesser de sentir la bouche de son cheval, et fermer les jambes plus ou moins pour le chasser en avant.

*Il est très-important de bien se rendre compte des motifs qui portent les chevaux à refuser les différents obstacles, avant d'employer la correction, qui, administrée mal à-propos, les détermine souvent à une opiniâtreté difficile à vaincre.*

*S'il arrive que, sans chercher à se dérober, le cheval témoigne de la crainte, l'instructeur prescrira au cavalier d'arrêter pour le caresser, afin de le mettre en confiance, ayant soin de le contenir parfaitement droit, et de mollir un peu la main, sans relâcher les jambes.*

*Le cavalier portera ensuite son cheval deux ou trois pas en avant pour l'arrêter et le caresser de nouveau; il continuera ainsi jusqu'à ce que le cheval passe franchement, après avoir pris connaissance de l'objet qui de prime-abord l'effrayait.*

*Il faut alors rendre de la main et relâcher les jambes pour caresser.*

*Si, en approchant de l'obstacle, le cheval devient incertain, il faut, pour éviter qu'il se dérobe, le rassembler à un plus haut degré, et faire primer d'autant plus l'action des jambes sur celle de la main, que l'hésitation sera plus grande.*

*Si le cheval se place obliquement à gauche, il faut le placer obliquement à droite, pour le redresser au moment de passer sur la barrière.*

*Si le cheval cherche à fuir à gauche, soutenir la main à droite et augmenter la pression de la jambe droite : si ce moyen ne suffit pas, ouvrir la rêne droite du filet, et si le cheval résiste encore, lui faire sentir l'éperon droit pour chasser les hanches à gauche, tout en les maintenant avec la jambe gauche, afin d'éviter que le cheval se dérobe à droite, ce qu'il ne manquerait pas de faire, en ayant été empêché à gauche.*

*On combat la tendance du cheval à se dérober à droite, par les moyens inverses.*

*Si, malgré ces précautions, le cheval parvient à faire demi-tour, ce qu'il faut soigneusement éviter, le cavalier devra toujours se remettre face à l'obstacle, par le demi-tour opposé à celui que le cheval aurait fait, ce qui met à même de vaincre une résistance et de corriger le cheval d'une défense qu'il répéterait inévitablement, si on le remettait face à l'obstacle par un demi-tour du même côté.*

*Si, malgré les mesures qui viennent d'être indiquées, le cavalier reste impuissant en présence des difficultés, l'instructeur l'aide avec la chambrière, et si ce moyen ne réussit pas, il prend une rêne du filet et conduit le cheval en le caressant jusqu'à la barrière, qu'il passera alors sans difficulté.*

*Le passage de la barrière à terre sera exécuté aux trois allures, jusqu'à ce que cavaliers et chevaux soient en confiance.*

*Chaque cavalier, après avoir passé l'obstacle, viendra au pas prendre la gauche du rang.*

## 207. Saut de la barrière.

*Pour cet exercice, la barrière doit être élevée de 1/3 de mètre à 1 mètre; l'instructeur la fait élever progressivement à mesure que les cavaliers sont plus habitués à sauter.*

A l'avertissement de l'instructeur, chaque élève se dirige vers la barrière, comme il est prescrit n° 206.

En approchant de la barrière, assurer le haut du corps, la ceinture et la main de la bride, se lier au cheval des cuisses, des jarrets et des gras de jambes. Si, à quelques pas de l'obstacle, le cheval cherche à partir franchement au trot ou au galop, il faut éviter de le contrarier.

Au moment où le cheval s'enlève, assurer le haut du corps un peu en avant, et laisser la main suivre l'extension ordinaire de l'encolure du cheval qui saute, ayant soin de conserver le même rapport avec sa bouche, afin de le soutenir sans à-coup lorsqu'il arrive à terre : assurer alors le haut du corps un peu en arrière.

*Lorsque les élèves seront assez maîtres de leurs chevaux pour les bien diriger sur l'obstacle en partant au pas, l'instructeur les mettra en marche, leur faisant prendre 10 mètres de distance entre eux, et il fera répéter cet exercice aux trois allures.*

*Si, à l'allure du trot ou du galop, un cheval se dirige vers l'obstacle en serpentant, le cavalier, prévenu de son peu de franchise, devra porter rapidement et sans à-coup la main en sens inverse des directions que le cheval cherche à prendre, pour l'en détourner, et il l'activera énergiquement par les jambes.*

*Si le cheval, bourrant à la main, cherche à se dérober d'un côté ou de l'autre, il faut le faire passer au pas et même l'arrêter, pour l'obliger ensuite à sauter.*

*Si le cheval s'arrête en arrivant auprès de l'obstacle, il faut l'en éloigner en le faisant reculer : faire un demi-tour dans cette circonstance, serait révéler au cheval un moyen de se soustraire.*

*Si un cheval trop ardent se dirige sur l'obstacle avec vélocité, en luttant contre la main, il faut le ralentir et même le faire changer d'allure, pour corriger en lui un défaut toujours dangereux.*

*Les sauts de haies et de murs s'exécutent suivant les mêmes principes que le saut de barrière.*

## 208. Saut du Fossé.

*Pour cet exercice, le fossé devra avoir de 1/5 de mètre à 1 mètre.*

Le saut du fossé s'exécute suivant les mêmes principes que le saut de la barrière, avec cette différence que, le cheval étendant davantage l'encolure, la main du cavalier devra céder à cette extension, sans cesser de sentir la bouche du cheval, mais aussi sans le gêner.

*NOTA. Il arrive souvent que, pour sauter les différents obstacles, certains chevaux, le plus ordinairement par la crainte qu'ils ont des actions trop dures de la main des cavaliers qui s'attachent aux rênes, s'enlèvent beaucoup de l'avant-main, marquent un temps d'arrêt trop long sur les jarrets, et arrivent, de l'autre côté de l'obstacle, les jambes de derrière les premières à terre, ce qui fatigue considérablement les reins, les jarrets et les boulets.*

*Pour déterminer à sauter plus franchement les chevaux qui se présentent ainsi, il faut saisir le moment où l'avant-main s'enlève, pour, en rendant de la main, les pincer vigoureusement de l'éperon et de la cravache vers les flancs, afin de provoquer les jarrets à une détente plus prompte, et décider de tels chevaux à se recevoir à terre avec les jambes de devant les premières.*

*Les différents sauts nécessitant un grand emploi de force de la part du cheval, et pouvant avoir de funestes résultats pour sa conservation, par la commotion qu'éprouvent les membres antérieurs, au moment où le poids considérable du corps du cheval et du cavalier multiplié par la vitesse est reçu à terre, l'instructeur ne fera sauter qu'une fois ou deux au plus, chaque jour de travail.*

*L'instruction en selle française devra être terminée vers la fin de février, pour passer au travail en selle et bride anglaises.*

*La selle anglaise étant glissante, et les rênes de bride étroites et très-souples, l'instructeur consacrera le mois de mars à un travail progressif dans la carrière, pour habituer les cavaliers à ces difficultés nouvelles.*

## 209. Description de la selle anglaise.

La *selle anglaise* se compose d'un *arçon*, formé de 7 pièces en bois de hêtre.

Deux forment l'*arcade de devant*,

Deux id. l'*arcade de derrière*,

Deux id. *les bandes*,

Et une le *trousquin*.

Le tout est *nervé*, *encuré* et *ferré*.

## FERREMENTS.

Les *ferrements* se composent : d'une *bande de garrot*, fortement renforcée au centre;

D'une *bande de collet*, servant de contre-rivure,

Et d'une *bande de rognon*, qui sert à lier intimement le trousquin avec les bandes.

Les *porte-étrivières*, ordinairement à *ressort*, se ferment d'arrière en avant, pour que les étrivières puissent se dégager en cas de chute.

Tous les ferrements sont fixés *sur l'arçon par des rivures*.

## FAUX-SIÉGE.

Le *faux-siége* se compose des mêmes matières que celui de la *selle à la française*, et est fixé à l'*arçon* par les mêmes moyens.

## MATELASSURE.

La *matelassure* se compose de *deux mamelles*, aux parties arrondies, postérieures et latérales du siége.

Un *tissu de serge*, fixé sur l'arçon, sert à contenir le rembourrage qui est ordinairement *en laine*.

Cette *matelassure* est recouverte par une *peau de cochon*, que l'on nomme *siége*; elle est unie par une couture à des *petits quartiers*, qui se fixent sur l'arçon au moyen de tirants.

On remarque dans le siége :

L'*assiette*, où posent les fesses du cavalier,

Les *mamelles*, qui bordent le siége latéralement et postérieurement,

Le *col*, qui donne l'ensellement et facilite le placement des cuisses.

QUARTIERS.

Les *quartiers* se composent d'un *corps de quartiers* en cuir de *vache souple*, ayant à la partie antérieure *une avance* pour offrir un appui aux genoux du cavalier.

Ces *quartiers* sont recouverts, comme la matelassure, par une peau de *cochon* assemblée en coutures avec le corps des quartiers.

Les *quartiers* sont fixés à l'arçon au moyen d'un galbe en avant et de *vis* en arrière.

Sous les quartiers, sont trois *contre-sanglons* dont un est en réserve pour remplacer au besoin celui des deux autres qui viendrait à casser.

PANNEAUX.

Les *panneaux* se composent d'un fond en *basane de mouton*, de *bourrelets* antérieurs et postérieurs en *peau de cochon*, d'un *molleton* pour contenir le rembourrage, qui est ordinairement en laine, et enfin de deux *chaussures* antérieures servant, ainsi que des clous enchapés en arrière, à fixer ces *panneaux* à l'*arçon*.

Les deux *sangles en tissu* sont d'une seule pièce; elles ont à chacune de leurs extrémités une boucle enchapée.

Les *étrivières* sont en cuir fauve.

Les *étriers*, en fer poli, se composent de l'*œil*, des *branches* et de la *grille*.

Cette grille, d'une seule pièce, est piquée, pour offrir de la fixité au pied du cavalier.

## 210. Description du filet.

Le filet, en cuir fauve, se compose :

De la *têtière*,

Du *mors*,

Des *rênes*.

La *têtière du filet* se compose de deux montants : le droit, en se prolongeant, s'engage dans les œils du frontal de la bride, forme le dessus de tête et vient se fixer dans la boucle du montant gauche.

Les *montants du filet* ont, à leur partie inférieure, une boucle, trois passants fixes et un porte-mors.

Le *mors du filet*, en fer poli, diffère de celui du filet de la bride française, en ce qu'il n'a pas d'anneau de jonction et que les anneaux sont plus grands.

Les *rênes du filet*, ayant à leur partie inférieure une boucle, un porte-rênes et trois passants fixes, sont aussi longues et plus larges que celles de la bride (1); elles sont réunies par une boucle qui permet de les engager dans les anneaux de la martingale.

### MARTINGALE.

La *martingale*, en cuir fauve, se compose :

De la *longe*,

Du *collier*,

De la *fourche*.

La *longe*, doublée sur elle-même et engagée dans une boucle fixée à sa partie inférieure, forme l'œillet qui donne passage aux sangles.

La boucle sert à ajuster la martingale à la hauteur voulue.

La partie antérieure de la longe, doublée et cousue sur elle-même, donne attache au *collier* qui, entourant la base de l'encolure, supporte la fouche et la partie antérieure de la longe.

Un boucleteau et trois passants fixes, cousus à cette extrémité de la longe, servent à donner passage à la fourche.

(1) Les rênes du filet anglais sont plus longues que celles du filet à la française, afin qu'on puisse s'en servir comme des rênes d'un bridon lorsque l'on veut courir. Pour le travail habituel de la carrière, l'instructeur prescrit de faire un nœud hongrois pour le ramener à la longueur ordinaire du filet de la bride française.

La *fourche* se compose d'une bande de cuir, dont les côtés rapprochés sont cousus et lui donnent une forme arrondie dans toute son étendue ; chaque extrémité est terminée par un *anneau* destiné au passage des rênes du filet.

## 211. Description de la bride anglaise.

La *bride anglaise*, en cuir fauve, se compose :

De la *têtière*,

Du *mors*,

Des *rênes*.

### TÊTIÈRE DE LA BRIDE.

La *têtière de la bride* se compose :

Du *dessus de tête*,

Du *frontal*,

Des *deux montants*.

Le *dessus de tête* présente à chaque extrémité une bifurcation : la partie antérieure sert à joindre le *dessus de tête* aux *montants*, et la partie postérieure, prolongée et plus mince, forme la *sous-gorge*.

Le *frontal*, ordinairement recouvert d'un cuir vernis, a les mêmes usages que le frontal de la *bride française*.

Les *montants* ont une boucle à chacune de leurs extrémités : celle supérieure, destinée à recevoir le dessus de tête, et la boucle inférieure, à supporter le mors, à l'aide des *porte-mors*.

Ces boucles sont ordinairement en fer battu et plaqué.

Au-dessous de la *boucle supérieure*, se trouve un passant *fixe* pour recevoir le *dessus de tête* après l'avoir bouclé, et un passant *coulant*, pour en fixer les extrémités.

Au-dessous de chaque *boucle inférieure*, est un passant fixe, pour engager les *porte-mors* avant de les boucler, et deux passants également fixes, au-dessus de ces boucles, sont destinés à maintenir les extrémités des *porte-mors*.

La *sous-gorge* porte une *boucle* à droite et deux passants, dont un *fixe* près de la boucle, et l'autre coulant, pour boucler et fixer le côté gauche de la sous-gorge.

MORS.

Le *mors*, quoique plus léger, est en tout semblable au mors de la bride française, moins les *bossettes*, qu'il n'a pas; il est en fer poli.

La *gourmette* est habituellement en acier poli.

Le *mors* est uni aux montants à l'aide des *porte-mors*.

RÊNES.

Les *rênes* de la bride sont réunies par une couture. A chaque extrémité, on remarque une *boucle*, un *porte-rênes* et trois *passants fixes*.

## 212. Ajuster la selle, ajuster la bride.

La selle et la bride anglaises devront être ajustées comme il est prescrit pour ajuster la selle et la bride françaises, n° 107, 108 et 109.

## 213. Ajuster la martingale.

La martingale doit être ajustée de telle sorte, que les anneaux de la fourche soient à hauteur de la commissure des lèvres, lorsque le cheval a la tête bien placée.

## 214. Utilité de la martingale anglaise.

L'utilité de la martingale anglaise est de fournir au cavalier le moyen de faire baisser la tête de certains chevaux, qui cherchent à se soustraire aux actions du mors de bride en portant au vent, ou bien encore de fixer l'encolure trop mobile de ceux qui battent à la main.

Il faut éviter de s'en servir outre mesure, car bientôt le cheval qui porte au vent s'encapuchonnerait, ce qui est un défaut toujours dangereux et difficile à corriger.

## 215. Travail en selle anglaise.

*L'instructeur, après avoir fait connaître aux élèves les différentes parties du harnachement anglais, leur fera répéter, progressivement dans la carrière, le travail qu'ils ont exécuté en selle et bride françaises.*

*Il s'attachera, les premiers jours surtout, à ce que les cavaliers conservent la position et l'aisance qu'ils ont acquises. A cet effet, il fera beaucoup marcher sur les pistes au pas et à un trot modéré, faisant fréquemment changer d'allure, pour éviter la fatigue et combattre la tendance naturelle des élèves à se roidir, par les déplacements que leur occasionne la nouvelle difficulté d'une selle glissante.*

*Lorsque la position sera devenue plus assurée, l'instructeur leur apprendra à trotter à l'anglaise.*

## 216. Du trot à l'anglaise.

*Le trot à l'anglaise, pratiqué depuis de longues années à l'École de cavalerie, consiste à s'enlever, de manière à éloigner les fesses de la selle à chaque deux temps de trot.*

*Par cette manière de trotter, le cheval ne reçoit pas la réaction du cavalier, qui s'enlève et redescend en mesure, au lieu de retomber, à chaque temps de trot, de tout son poids, sur la selle, comme dans le trot à la française.*

*Le trot à l'anglaise a l'avantage, tout en soulageant la colonne vertébrale du cheval, de donner au cavalier la possibilité de faire une plus longue route et plus rapidement avec moins de fatigue, car il évite aussi le contre-coup que lui ferait éprouver sa rencontre avec la selle au moment où, après avoir été enlevé, il redescend, et où, par un nouveau temps de trot, le cheval s'enlève.*

*Pour que cette manière de trotter puisse être mise en application favorablement, il faut avoir à tourner rarement et que l'allure soit assez vive pour que les foulées, sans être trop lentes, ne soient pas cependant trop répétées.*

Le trot à l'anglaise ne peut être employé, dans l'armée, que pour des cavaliers isolés et employés à porter des ordres avec célérité et à de grandes distances.

La brièveté de l'allure du trot, en troupe, et le manque d'harmonie pour le coup-d'œil, sont les causes qui doivent empêcher l'adoption du trot à l'anglaise, qui serait cependant favorisé par les marches directes, objet essentiel de la cavalerie.

Dans le trot à l'anglaise, la position des genoux et des jambes doit être d'autant plus assurée, que la partie supérieure des cuisses, devant suivre les fesses au moment de leur enlevé, n'aura plus l'adhérence qui lui est assignée.

Si le cheval part franchement du pas au trot allongé, le cavalier peut sans retard s'enlever à chaque deux temps de trot ; mais, le plus ordinairement, il faut attendre que l'allure, arrivée à un degré de vitesse convenable, soit bien réglée.

Le cavalier, inclinant alors le haut du corps un peu en avant, et prenant un léger point d'appui sur les étriers, sans tendre les jambes, compte en lui-même : un, deux, un, deux, se réglant sur la cadence des foulées, de manière à être en selle au moment où pose un bipède, en comptant un, et à s'en éloigner en comptant deux, quand arrive à terre le bipède opposé.

Le but qu'on se propose étant d'éviter le choc, résultat de la rencontre des deux corps, du cheval qui s'enlève et du cavalier qui redescend, il est évident qu'il suffira d'éviter cette rencontre ; mais il faut avoir soin de ne pas trop s'éloigner de la selle, ce qui enlève à la fois au cavalier, grâce, solidité et justesse.

Pour que le cheval conserve une allure régulière, il est de la plus haute importance que le cavalier ait la main de la bride immobile et qu'elle conserve toujours le même rapport avec la bouche du cheval.

Lorsque les cavaliers auront bien saisi le mécanisme du

trot à l'anglaise, l'instructeur, pour les mettre à même d'apprécier combien il faut peu prendre d'appui sur les étriers, les fera relever et fera recommencer le même exercice. Ce moyen révèle aussi aux cavaliers l'adhérence constante que les genoux et les mollets doivent conserver avec le corps du cheval ; mais il faut éviter de prolonger cet exercice, qui deviendrait trop fatigant.

Quand les cavaliers auront acquis de l'assurance, et qu'ils auront exécuté régulièrement le travail dans la carrière, l'instructeur les conduira pendant quelques jours sur l'hippodrome, pour commencer ensuite le travail à l'extérieur.

Le but de cet exercice est d'apprendre aux élèves à régler les allures dans tous les terrains, à quitter la colonne, quelque place qu'ils y occupent, soit pour marcher en avant ou revenir en arrière, comme aussi pour s'en éloigner sur le flanc et aller parcourir une certaine étendue de terrain indiquée par l'instructeur, avant de rejoindre la colonne.

Les promenades extérieures devront être réglées de manière à établir une progression rationnelle.

Ainsi, dans les premières sorties, l'instructeur conduira les élèves sur les routes, où il fera marcher par un, par deux, puis par quatre, aux trois allures, les cavaliers conservant 1 mètre de distance entre eux.

Ce travail sera répété en conservant 20 mètres de distance.

Lorsque l'allure sera bien réglée et que les distances seront bien observées, l'instructeur désignera les cavaliers qui devront les raccourcir ou les allonger, afin de les mettre à même de livrer leurs chevaux à toute vitesse, sans toutefois les mettre hors de leur aplomb ; cet exercice offrira en outre aux cavaliers qui n'auront pas été désignés les moyens de combattre les difficultés que présentent certains chevaux ardents, toujours portés à rejoindre et même à dépasser ceux qui les précèdent.

Ce travail étant correctement exécuté sur des routes unies,

L'instructeur remplacera les difficultés vaincues par celles résultant des inégalités du terrain, où les foulées de chaque allure, irrégulièrement espacées, produisent des réactions plus ou moins dures, selon la configuration du sol.

Les élèves seront alors obligés à une attention constante, pour éviter les accidents de terrain, tels que pierres roulantes ou fixe, trous, racines, etc., sans cesser de conduire leurs chevaux avec la régularité, l'aisance et l'énergie qu'ils ont dû développer sur des routes unies.

Enfin, après l'avoir reconnu à l'avance, l'instructeur fera parcourir, aux trois allures, une certaine étendue de terrain, où seront des obstacles naturels, tels que mottes, fossés, haies, barrières, murs, etc.

Pour ce travail, il fera former les cavaliers en bataille, à grands intervalles, faisant face à la carrière qu'ils ont à parcourir; et, après les avoir prévenus des différents obstacles qu'ils auront à franchir, il indiquera l'allure ainsi que l'endroit où ils devront se rallier.

L'instructeur se portera ensuite sur ce point, culminant autant que possible, pour mieux observer. Il donnera alors le signal du départ, par un geste ou un mouvement convenu à l'avance.

Ce dernier exercice a pour but de permettre aux cavaliers de développer leurs moyens d'action, de mesurer leur adresse, et sert à l'instructeur d'examen pour asseoir son jugement sur la valeur réelle des élèves.

Ainsi doit être terminée l'instruction des cavaliers militaires, destinés à poursuivre leur ennemi en tous lieux, et à porter les ordres, de la rapidité d'exécution desquels dépend souvent le sort d'une armée.

# CARROUSEL.

*Le carrousel étant considéré comme complément d'instruction et devant être exécuté en champ clos, il faut que tous les élèves des différentes catégories y soient exercés.*

*Le carrousel se compose de figures de manége entrecoupées de courses de bagues, de têtes à terre, et de dard, pendant lesquelles les cavaliers auront à déployer, solidité, énergie, souplesse, grâce et adresse.*

*Pour l'exécution définitive du carrousel, on réunit 40 ou 48 cavaliers choisis parmi les plus adroits. Ils sont formés en quadrilles et marchent sur deux reprises, composées chacune de deux quadrilles.*

*Le premier cavalier des 1ʳᵉ et 3ᵉ quadrilles est conducteur général, et il est, ainsi que le premier cavalier des 2ᵉ et 4ᵉ quadrilles, conducteur de sa quadrille pour l'exécution des différentes courses.*

*Les figures de manége qui doivent être exécutées au carrousel pouvant être variées à l'infini, on se bornera ici à donner le maniement des différentes armes, ainsi que les moyens de bien exécuter les courses.*

NOTA. *Les cavaliers sont toujours armés de la lance, pour l'exécution des différentes figures de manége; ils la portent toutes les fois qu'ils quittent la piste pour un mouvement quel qu'il soit.*

## 217. Travail préparatoire.

*Les chevaux sont sellés et bridés; une botte de lance est fixée à la batte droite.*

*Pour préparer les cavaliers au carrousel, l'instructeur, sans déranger l'ordre habituel de ses reprises, donne au manége les leçons du maniement des armes, de pied ferme; il fait ensuite répéter le même exercice en marchant aux trois allures.*

*Avant de commencer le maniement des armes de pied fer-*
*me, l'instructeur fait exécuter quelques mouvements au pas*
*et au trot, pour calmer les chevaux ; il fait ensuite doubler*
*individuellement, lorsque les cavaliers sont arrivés sur l'un*
*des grands côtés, les fait arrêter au tiers de la largeur*
*du manége, et leur fait donner l'arme que l'on doit manier.*

*L'instructeur est armé comme les cavaliers, pour démon-*
*trer le mouvement qu'il détaille. Il fait d'abord exécuter*
*chaque mouvement individuellement, rectifie les fautes, et*
*le fait ensuite répéter par tous les cavaliers à la fois.*

### MANIEMENT DE LA LANCE.

## 218. Principes du port de la lance.

Le cavalier tient la lance de la main droite à la poignée, le pouce fermé sur le premier doigt, le petit doigt
allongé sur le bas de la poignée, le bras demi-tendu, de
manière que la lance soit placée verticalement.

## 219. Lance en arrêt.

Au commandement : *Lance en arrêt,*

Élever la lance avec la main droite, en fixant l'œil sur la
botte de lance, y placer le bout du tronçon, les doigts
fermés, le pouce allongé sur la poignée, le bras demi-
tendu, la pointe de la lance inclinée en avant, au-dessus de
l'oreille droite du cheval.

## 220. Haut la lance.

*L'instructeur fait toujours porter la lance avant de com-*
*mander :* Haut la lance.

Le cavalier étant au port de la lance, au commandement :
*Haut la lance,*

Élever progressivement la main droite, jusqu'à ce que la
lance et le poignet soient perpendiculaires à l'épaule droite,
le petit doigt se réunissant aux trois autres, les ongles
tournés vers la tête, le pouce allongé sur la poignée.

### 221. Porter la lance.

Le cavalier étant à la position de haut la lance , au commandement : *Portez la lance,*

Descendre la lance avec la main droite, et porter la lance, comme il est prescrit au n°. 218.

### 222. Croiser la lance en avant.

*Il faut toujours commander* haut la lance , *avant de la faire croiser en avant, à droite ou à gauche; mais pour ne pas fatiguer inutilement les cavaliers, l'instructeur les laissera au port de la lance, pendant le détail de ces différents mouvements.*

Le cavalier étant à la position de haut la lance , au commandement : *Croisez la lance en avant,*

Abaisser la lance par degrés , de manière à diriger la pointe en avant sur l'objet qu'on veut atteindre , le tronçon placé entre le bras et le corps sans les toucher, le bras demi-tendu, le poignet en quarte , le premier doigt allongé le long de la poignée.

*Le cavalier étant à la position de croiser la lance , on commande toujours haut la lance avant de la faire porter.*

### 223. Croiser la lance à droite.

'Le cavalier étant à la position de haut la lance , au commandement : *Croisez la lance à droite,*

Tourner la tête à droite, abaisser la lance par degrés, en dirigeant la pointe à droite, le tronçon vis-à-vis du corps et au-dessus de l'avant-bras, la lance horizontale, le bras tendu à droite, le poignet en quarte, le premier doigt allongé sur la poignée.

### 224. Croiser la lance à gauche.

Le cavalier étant à la position de haut la lance, au commandement : *Croisez la lance à gauche,*

Tourner la tête à gauche, abaisser la lance par degrés, en dirigeant la pointe à gauche, le tronçon sous l'avant-bras droit, la lance horizontale, le bras et l'avant-bras formant angle droit, le poignet en tierce, le premier doigt allongé sur la poignée.

## 225. Salut de la lance.

A quelques pas avant d'arriver à hauteur de la personne à qui l'on rend les honneurs, le cavalier, étant au port de la lance, regarde cette personne, fait haut la lance, l'abaisse lentement en avant et à droite, le bras tendu, le poignet en quarte, le premier doigt allongé sur la poignée, de manière que la pointe de la lance soit près de terre, lorsque le cavalier arrive en face de cette personne. Après l'avoir dépassée, il fait haut la lance en l'élevant lentement, la porte et la met en arrêt.

## 226. Maniement du dard. (7 mouvements.)

1° Prendre, avec la main droite sans la renverser, le dard par le milieu, la pointe en bas, les ailes un peu inclinées en avant, le bras demi-tendu et un peu détaché du corps.

2° Élever le dard de toute la longueur du bras, les ongles en l'air, le faire tourner au-dessus de la tête, de manière à diriger alternativement la pointe en avant et en arrière, le dard toujours horizontal.

3° Regarder à gauche, et étendre le bras de toute sa longueur vers la droite, le poignet en quarte, en dirigeant la pointe du dard à gauche, la hampe horizontale.

4° Tourner la tête à droite, renverser la main droite, les ongles en dessous, en la portant vis-à-vis et à hauteur de l'épaule gauche, la pointe du dard dirigée à droite, la hampe appuyée sous l'avant-bras, le premier doigt allongé.

5° Regarder à terre, élever le bras droit de toute sa longueur, baisser la pointe du dard vers la terre en tournant les ongles vers la tête, la hampe appuyée le long de l'avant-bras.

6° Replacer la tête directe, et relever le dard horizontalement au-dessus de la tête, la pointe en avant.

7° Prendre la première position.

*Avant d'exécuter la course du dard, l'instructeur fera rompre la quadrille désignée, qui ira se mettre en cercle autour de la tête, objet que les cavaliers doivent frapper, afin d'y accoutumer les chevaux, et quand les cavaliers seront à leur distance, ils exécuteront successivement les mouvements détaillés ci-dessus, à la sonnerie d'un demi-appel.*

## 227. Course des bagues.

*La course des bagues, s'exécute toujours à main droite.*

*Pour cet exercice, deux poteaux, surmontés d'un tourniquet et placés sur l'un des grands côtés de la piste, sont munis de bagues, qu'un homme* ad hoc *remplace à mesure qu'elles ont été enlevées.*

Au commandement : *Rompez,* fait à la quadrille qui doit exécuter la course, le conducteur de cette quadrille porte la lance et rompt au galop en avant de son front, se dirigeant de manière à entrer à main droite sur la piste du grand côté opposé à celui où sont les baguiers; il est suivi par tous les cavaliers de sa quadrille, qui portent la lance et rompent successivement à leur distance.

Aussitôt que le conducteur est entré sur la piste du grand côté, il allonge l'allure pour que les cavaliers qui le suivent puissent prendre 15 mètres de distance entre eux, espace nécessaire pour permettre de remplacer les bagues qui auraient été enlevées, de manière qu'il y en ait toujours une à la disposition du cavalier qui va exécuter la course.

Cette distance (15 mètres) est également nécessaire pour éviter les arrêts et l'agglomération des cavaliers sur le petit côté qui précède la piste sur laquelle doit s'exécuter la course.

En approchant du second coin, le conducteur fait haut

la lance, et, lorsqu'il est arrivé sur la piste du grand côté, il allonge progressivement l'allure jusqu'à la charge, prend un léger point d'appui sur les étriers, porte le haut du corps un peu en avant, se liant au cheval des cuisses, des jarrets et des gras de jambes, de manière que les fesses soient éloignées de la selle d'environ 2 ou 5 centimètres, pour annuler les réactions du galop, et il croise la lance en avant, comme il est prescrit au n° 222.

La bague étant prise, le conducteur ralentit progressivement l'allure, reprend sa position ordinaire et continue de suivre la piste au galop ralenti, en faisant haut la lance. Lorsqu'il est arrivé à hauteur de la personne à qui on rend les honneurs, il décrit une volte et demie, s'arrête, faisant face à cette personne, la regarde et dépose la bague à terre en faisant le salut, comme il est prescrit au n° 225.

La bague étant déposée, le conducteur fait haut la lance, la porte et va reprendre la place qu'il occupait avant d'exécuter la course.

Tous les cavaliers de la quadrille exécutent successivement la course, en se conformant à ce qui vient d'être prescrit à leur conducteur.

Les cavaliers qui n'ont pas pris de bagues reprennent leur position ordinaire, après avoir dépassé le 2⁰ baguier, ralentissent l'allure, portent la lance et viennent au galop ralenti reprendre la place qu'ils occupaient avant l'exécution de la course.

*Aussitôt qu'une quadrille a exécuté la course des bagues, les cavaliers qui la composent prennent et portent le sabre. Les lances sont formées en faisceau en avant de cette quadrille.*

## 228. Course des têtes.

*La course des têtes s'exécute toujours à main droite.*

*Pour cet exercice, on élève 2 ou 5 petits monticules, sur le grand côté où l'on a couru les bagues, à 10 mètres de distance, et on place une tête sur chacun d'eux. Des hommes,. ayant des têtes en réserve auprès d'eux, sont placés de ma- nière à remplacer celles qui seraient enlevées.*

Au commandement : *Rompez*, fait à la quadrille qui doit exécuter la course, le conducteur de cette quadrille rompt et se conforme à ce qui est prescrit au n° 227 ; en passant le 1er coin, il prend la position *en garde*, en approchant du 2e coin, il élève le bras droit de toute sa longueur, la lame du sabre et le poignet aussi perpendiculaires que possible à l'épaule droite, passe le coin en faisant quelques moulinets, et, lorsqu'il est arrivé sur la piste où doit s'exé- cuter la course, il allonge progressivement l'allure jusqu'à la charge, se lie fortement au cheval des cuisses, des jar- rets et des gras de jambes, se baisse le plus possible à droite, en soutenant la main de bride à gauche, pour com- battre la tendance naturelle du cheval à obéir à l'influence du poids du corps du cavalier qui l'attire à droite, et il dirige la pointe du sabre vers la tête, le pouce allongé sur la poignée, le dos de la lame en dessus.

*Il est essentiel de recommander aux cavaliers de ne pas donner de coup de pointe, l'élan du cheval suffisant seul pour prendre la tête.*

La tête étant prise, le cavalier laisse couler le pouce sur le côté droit de la poignée, de manière à l'embrasser à pleine main, pour avoir plus de force ; il se redresse alors en ralentissant l'allure, élève le bras droit de toute sa longueur, la lame du sabre et le poignet aussi perpendi- culaires que possible à l'épaule droite, et se conforme en- suite à ce qui est prescrit au cavalier ayant pris la bague, n° 227. Après avoir déposé la tête, le cavalier fait haut le sabre, le porte à l'épaule et va reprendre la place qu'il oc- cupait avant la course.

Les cavaliers qui n'ont pas pris de tête pendant la course, se redressent en ralentissant l'allure après avoir dépassé la dernière tête, et portent le sabre à l'épaule. Ils viennent au galop ralenti reprendre la place qu'ils occupaient avant l'exécution de la course.

## 229. Course du dard.

*La course du dard s'exécute toujours à main gauche, pour que le cavalier, en lançant le dard, ait plus de facilité à atteindre la tête.*

*La tête de Méduse est ronde et doit avoir 1 mètre de diamètre; soutenue par un chandelier, elle doit être élevée à 2 mètres 1/3.*

*Pour que la tête soit placée dans les conditions les plus favorables à l'exécution brillante de la course, elle doit être à 20 mètres d'un coin et à 10 mètres de la piste du grand côté, dans une direction perpendiculaire à une diagonale partant de 6 mètres après le passage d'un second coin à main gauche.*

Au commandement : *Rompez*, fait à la quadrille qui doit exécuter la course du dard, le conducteur de cette quadrille rompt au galop en avant de son front et va se mettre en cercle à droite, autour de la tête de Méduse, de manière à être à 1 mètre de distance du dernier cavalier de sa quadrille.

Tous les autres cavaliers rompent également au galop et à leur distance.

Les cavaliers étant en cercle exécutent, successivement, chacun des 7 mouvements indiqués au n° 226, à la sonnerie des demi-appels successifs que l'instructeur provoque par un signal.

Au commandement : *Marchez large*, le conducteur change de pied et se dirige diagonalement à droite, pour joindre la piste et marcher à main gauche, en se conformant à ce qui est prescrit au n° 227.

Lorsqu'après avoir dépassé le 2ᵉ coin, le conducteur a marché 6 mètres droit devant lui, il exécute un demi-à-gauche, allonge progressivement l'allure jusqu'à la charge, et élève le dard horizontalement, les ailes en avant, le bras tendu de toute sa longueur. Après quelques pas, il tourne rapidement la pointe du dard en avant, porte la main en arrière en effaçant l'épaule droite le plus possible, assure le haut du corps en avant, et, lorsqu'il est à 15 ou 20 mètres de la tête, il lance le dard, de manière à lui faire décrire une parabole, et ralentit aussitôt l'allure progressivement.

Le conducteur vient ensuite reprendre la place qu'il occupait avant la course.

Tous les autres cavaliers exécutent successivement le même travail en se conformant aux mêmes principes.

*L'instructeur recommande aux cavaliers d'avoir la main gauche bien fixée, de manière à assurer la direction du cheval, et de ne pas employer pour lancer le dard une force, qui non-seulement est inutile, mais qui est même préjudiciable au lancer gracieux de cette arme.*

*On peut annexer au carrousel un travail de carrière, pour faire sauter différents obstacles ; mais il faut qu'il soit court, que les cavaliers, choisis parmi les plus vigoureux, soient peu nombreux, et que les chevaux soient aussi les plus brillants et les plus valeureux.*

FIN.

# TABLE DES MATIÈRES

DEUXIÈME PARTIE.



TROISIÈME LEÇON DE VOLTIGE.

*Première partie. — Voltige de pied ferme.*



*Deuxième partie. — Voltige au galop.*

QUATRIÈME LEÇON.

PREMIÈRE PARTIE.

### QUATRIÈME LEÇON DE VOLTIGE.



### CONSIDÉRATIONS SUR LE TRAVAIL A L'EXTÉRIEUR.

FIN DE LA TABLE.

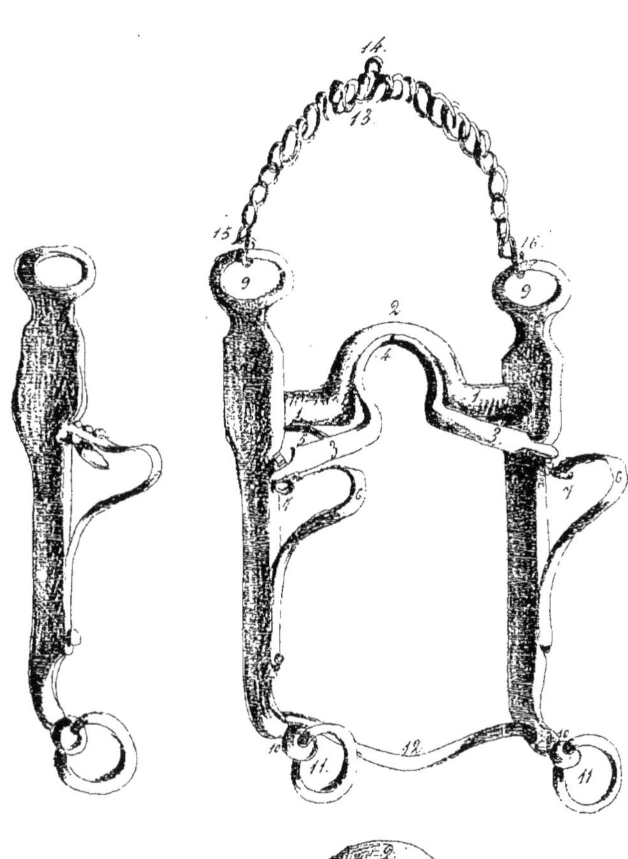

1. Canons.
2. Liberté de langue.
3. Grand ressort.
4. Charnière.
5. Ressort de renvoi.
6. Ressort en cou de cygne et à crémaillère.
7. Bouton à détendre le ressort.
8. Branches du mors.

9. Œils du mors.
10. Œils des anneaux des porte-mors.
11. Anneaux des porte-mors.
12. Traverse.
13. Gourmette.
14. Anneau de fausse gourmette.
15. S.
16. Crochet.

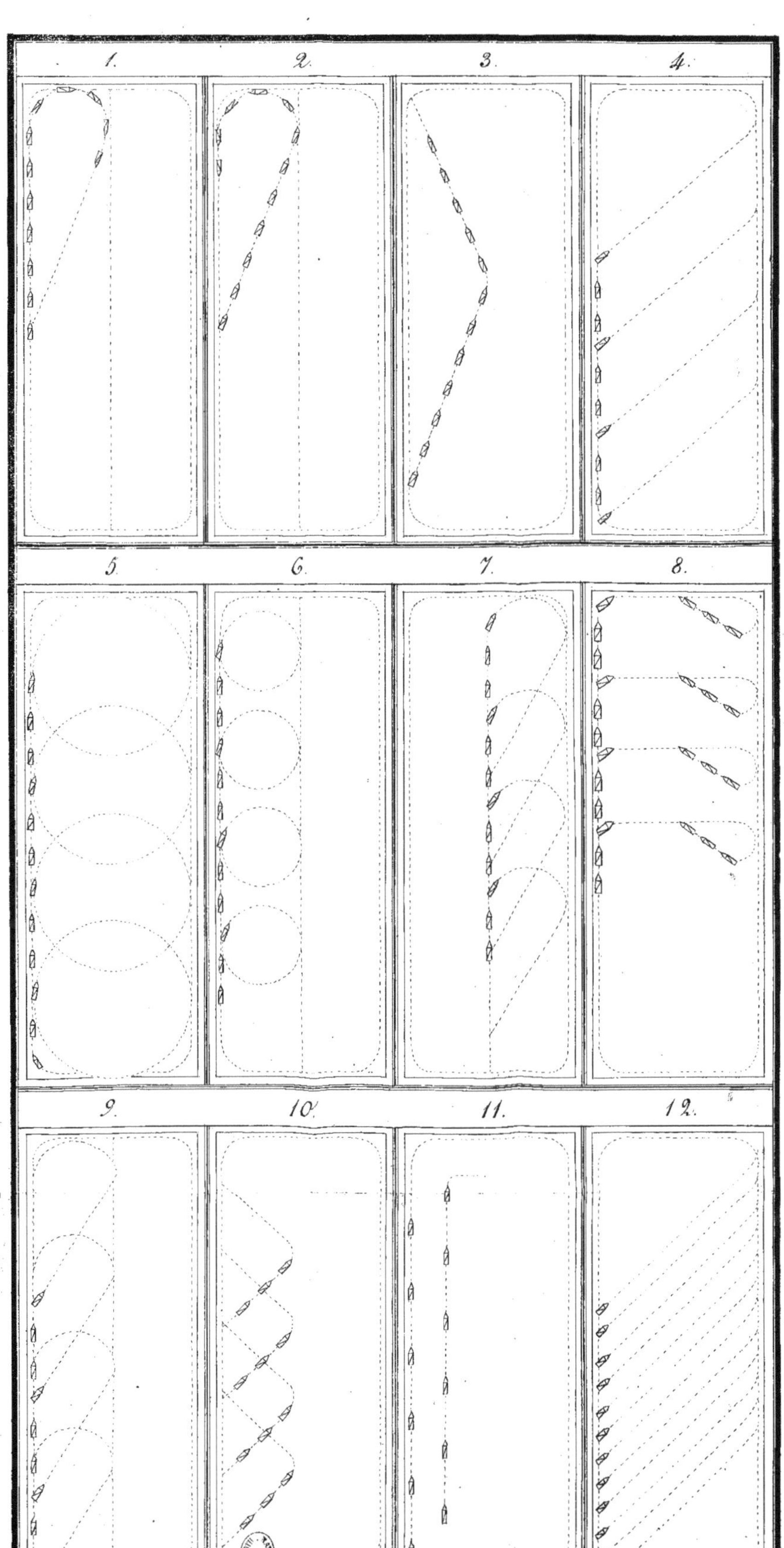

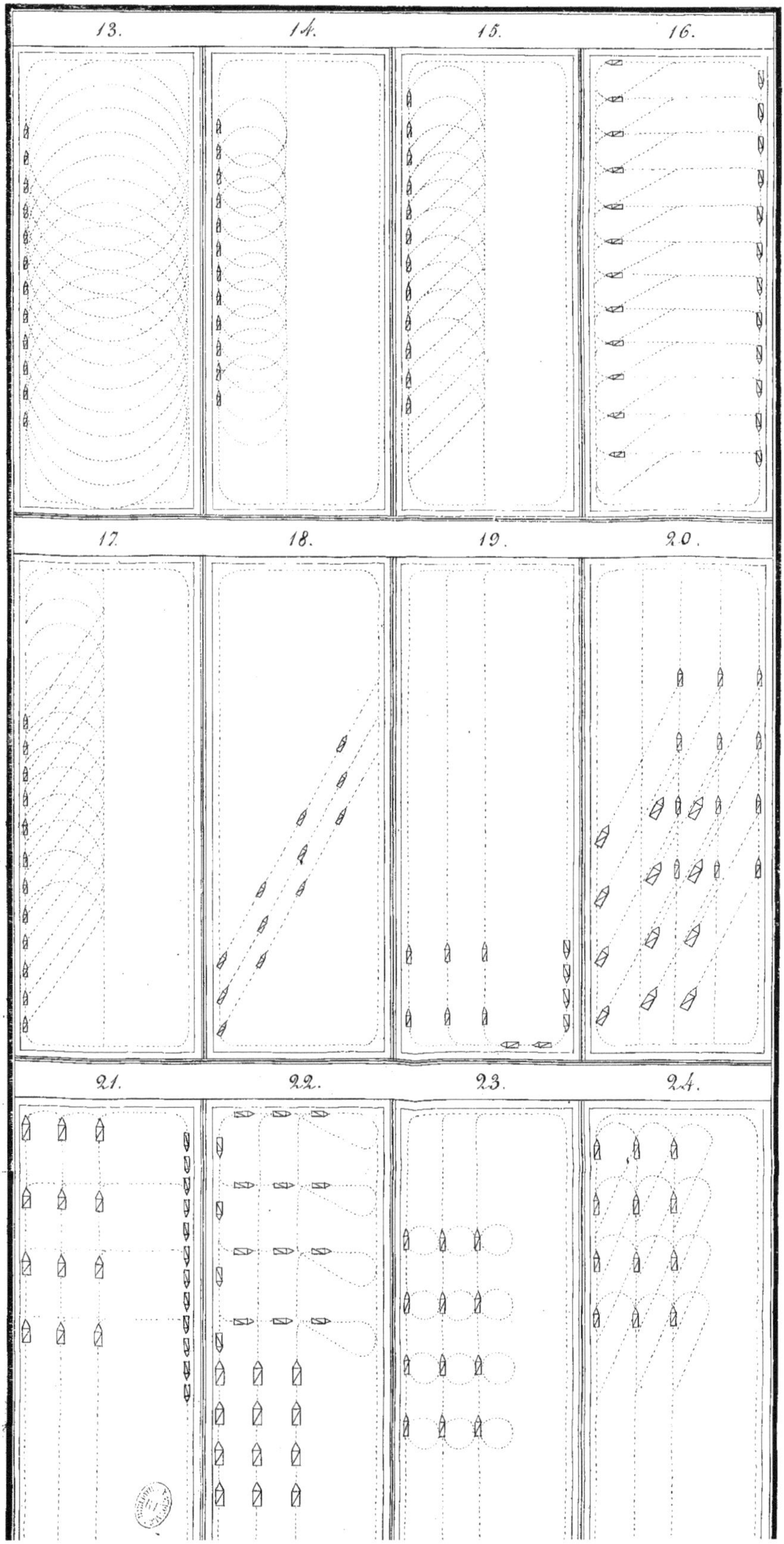

13.   14.   15.   16.
17.   18.   19.   20.
21.   22.   23.   24.

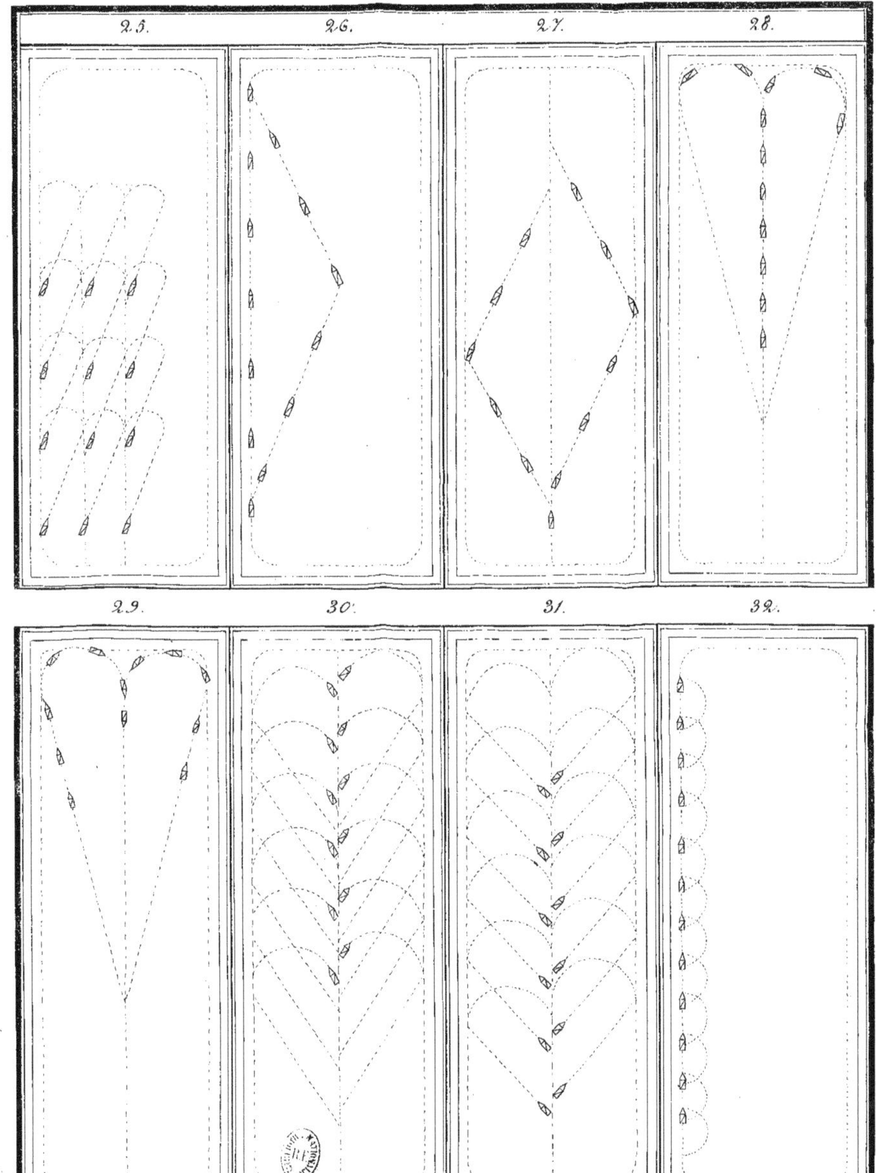


25.
26.
27.
28.
29.
30.
31.
32.

www.ingramcontent.com/pod-product-compliance
Ingram Content Group UK Ltd.
Pitfield, Milton Keynes, MK11 3LW, UK
UKHW022214120726
13694UKWH00002B/548